《新しき村》100年

実篤の見果てぬ夢 ── その軌跡と行方

南　邦和 著

みやざき文庫 132

目次

※「新しき村」は、現在は埼玉県毛呂山町の「新しき村」が本部となっているが、〈二つの村〉を記述するにあたって「日向新しき村」「東の村」の表現を用いている。
※本書の引用にあたっては、新漢字を使用し、現代かなづかいにあらためている。
※資料写真の収録にあたっては、出典を明示していないが、〈日向新しき村〉、〈埼玉新しき村〉、武者小路実篤記念館（東京都調布市）等をはじめ、宮崎日日新聞や毎日新聞、各出版社のご協力・ご支援をいただいた。

《新しき村》100年

実篤の見果てぬ夢——その軌跡と行方

第一章

〈新しき村〉誕生への道

開設３年目　村内会員の記念写真（大正９年／調布市武者小路実篤記念館提供）

一、念願の土地へ――日向への道

小説『土地』

自分は一九一八年十二月のある日朝早く川岸に出た。清い川の流れは岩にぶつかり、泡《あわ》を立てて流れている。ある岸の岩の上に自分は立った。自分は顔を洗い、うがいをつかった。そして川向うの城の土地を見て祈った。

日はまだのぼるのに間があった。そこは四方山にかこまれていた。自分はあたりを見まわした。誰もいない。

自分は暁方《あけがた》の空気につつまれた、その清い水と、清い山と、空を見た。自分は跪《ひざまず》きたい気がした。自分たちの仕事はこの土地で始められる。神よ守護してくれ、あなたの助けなくしてこの仕事はできない。

武者小路実篤の小説『土地』の書き出しはこう始まっている。この作品は〈新しき村〉が誕生

『土地』（1921年刊）の表紙

してから三年目の大正10年（一九二一）に発表されたものである。当時36歳であった実篤の念願の土地とのめぐりあいが、おさえがたい心の昂《たかぶ》りとなって、清冽な朝の情景の中に写しとられている。「自分たちの仕事はこの土地で始められる。神よ守護してくれ、あなたの助けなくしてこの仕事はできない」。まさに、実篤の心の内からの祈りであったに違いない。そこにはまた〝村づくり〟への初心の初々しさが垣間見えてくる。

作品『土地』は、小説というよりはルポルタージュと見なされてもいい短編であるが、この「日向」の地に理想の土地を得るまでの、実篤の〈新しき村〉への執着とあくなき努力がリアルに描かれているドキュメントとしての記念すべき一編であり、多彩な武者小路文学の中でも〝原典〟とも呼ぶべき異色の作品である。

全国行脚しつつ日向の地へ

当時、千葉県我孫子町（現・我孫子市）根戸に居住していた実篤は、この年（一九一八）の9月23日妻房子、養女喜久子と共に東京を出発している。静岡県浜松を振り出しに福岡までの〝講演行脚〟の旅であった。24日浜松、25日福井（喜久子はしばらく房子の実家に預けられる）、26日大野、27日直江津と辿り、28日には長野で武者小路夫妻の壮行会が開かれている。信州には「白樺」の愛読者が多く、実篤の同志であり〈新しき村〉の中心となる中村亮平らがおり、翌29日には長野と松本で講演会が開かれている（長野では二百人、松本では三百人集まり、そのほとんどは青年教師だったという）。

9月30日、武者小路夫妻は中村亮平と同道して名古屋へ。この機会に実篤、中村に加えて木村荘太、後藤真太郎（大阪支部）の四人による「日向」の土地踏査の段取りが決まったようである。10月1日実篤一行は京都に入り、夕刻、三条の基督教会青年会館での講演会に臨んでいるが、実篤、中村、木村らが次々に登壇、〈新しき村〉への希望と理想を訴えた。聴衆は八百人とも千人とも伝えられ、その中には経済学者河上肇や〈一燈園〉（京都山科に本部を持ち、おひかり信仰に基づくユートピア共同体を目指す）の創始者西田天香の姿もあった。

行脚は続く。10月2日実篤の有力な〝助っ人〟である後藤真太郎の率いる大阪支部に迎えられ、土佐堀の基督教青年会館での講演会。聴衆は六百人を超え、ピアノ独奏やヴァイオリン演奏があった。この時、のちに実篤のよき理解者となる詩人永見七郎が18歳の若き聴衆の一人として参加。ビッグネーム武者小路実篤への熱烈な崇拝ぶりと〈新しき村〉への夢の大きさが伝わってくる。3日は神戸、ここでも会場は基督教青年会館。その会場には「白樺」の僚友で学習院初等科からの学友木下利玄夫妻の姿があり、東京から日守新一が馳けつけていた。聴衆は八百人、講演中に野次が飛び出し立往生した演者に、実篤が〝助け舟〟を出す一幕があったという。

10月4日、房子はここから福井の実家に帰り、喜久子と二人で「土地」決定の首尾を待つこととなった。その後、広島、山口を経て、7日福岡へ。福岡市記念館での講演会では、地元の画家田村憲が前座を務め、中村、木村、実篤が演壇に立っている。聴衆は三百人余……。

こうして見てくると、実篤の〈新しき村〉キャンペーンの〝全国行脚〟が各地のサポーター（その中心は「白樺」の読者と各支部の有力な会員たち）に支えられての〝順風満帆〟の船出だったと言ってもいいだろう。実篤らは、その後汽車で福岡から別府へ。そして夜には佐伯へ入り会員である加藤勘助宅に宿泊している（加藤は福岡県出身。のちに両眼を失明したが、点字を勉強して〝入村〟を果たしたが肺炎で病没。死後「加藤勘助詩集」が刊行されている）。この行脚の途中に認められた寄せ書きに、実篤は「日向に近づく喜び」の一行を書きとめている。

土地をどこにきめるか、それが第一の問題であった。

（『土地』）

〈新しき村〉実現にあたっての最初の難問は、当然、その場所（土地）選びであった。「北海道と云うことが第一頭に起るのは自然である」と書きながら、その「北海道」は禁物であったと、実篤はすぐさま打ち消している。その理由は、父が北海道で肺をやられて死んだ（父実世は34歳で他界）ことと、もう一つは、初恋の女（『お目出たき人』のモデルとなった〝お貞さん〟＝本名志茂テイ＝）の嫁ぎ先である北海道は、どうも気が向かなかった……という、実篤らしい理由による。「人がすすめてもあいまいな理由で反対した」と、実篤は正直に告白している。

「ついで頭にくるのが日向である」。ある人の話で、日向に住まないかとすすめられ、あんまり遠いのでやめた、と一度は否定しながら、一晩考えて自分も妻ものり気になり、友にも話して日向にきめた。「日向のどこということはきめられなかった。しかし、日向のどこかにしようと云うことはきめた」。実篤は早々に二十万分の一と五万分の一の地図を手に入れ「自分たちの土地は、この内にあるのだろうと思った」。いかにも実篤らしい鷹揚な決断である。

土地探し

〝全国行脚〟の導入部に引き続いて、いよいよ日向の地での土地踏査というメインイベントが始まったのである。大正7年10月9日朝、佐伯を汽船で発った実篤ら〝先遣隊〟の一行は、その日夕刻土々呂港に入り、はじめて「日向」の土を踏んだ。実篤は佐伯から親友志賀直哉に、「今までは日向を見ない人間だが、もうじき日向に入る人間だ」と、その喜びを報告している。この土々呂には「白樺」を手にした青年教師米良重徳が待ちうけていた。米良もまた熱烈な実篤の信奉者の一人で、「日向」の地を薦める手紙を実篤に送っていた（当時は門川小学校に勤務していた）。

この当時、日豊線は佐伯—福島（妻町、その後廃駅）までの路線は開通してなく、交通手段としては乗合馬車を乗り継ぐか、数少ない自動車しかなかった。この日延岡に一泊した実篤ら一行は乗り物探しに時間を費し、美々津に戻って一泊、11日になって美々津から三度の馬車を乗りついで八時間かけて福島駅へ、ここで汽車に乗り換えて小林に着いたのは夜九時であったという。小林を薦めたのは米良重徳、その米良の手回しで役場の助役と新聞記者に迎えられて園田旅館に投宿している。

このあたりの状況を実篤は『或る男』の中で、土々呂に一台しかない自動車に乗ろうとして、故障を理由に断られ、「それから馬車に乗ろうとしたが、一度自動車に乗ろうとしたものは馬車には乗せないと云う馬車屋の不文律に出くわして歩くより仕方がなかった。雨はざあざあ降ってくる。荷物はかつがなければならない。人力を一台やとおうとしたが、それも駄目で荷をもって皆が歩きはじめた……中々ミゼラブルである。しかし、意気だけは盛んであった。日向へ来てすぐ自分達が荷をもって大雨のなかを歩かされるのは何かの試練のような気もした……」と、面白おかしく綴っているが、状況としては、まさにミゼラブル（悲惨）である。

４人の先遣隊。「土地」を探すためにやってきた一行。左から実篤、木村、加藤、中村

しかし、その反面、「日向の俥夫達の金を取ることよりも、楽をすることを考えていることに一方興味を感じた……」と、日向の俥夫たちへの作家らしい観察が面白い。実篤にとって「日向」は文化人類学的関心をそそる〝未開の地〟であったに違いない。交通手段を含めてその時代の日向の民度と、いまに残されている「のさん」「よだきい」の県民性にも通じる風土性が窺え、東京人の実篤に与えたカルチャーショックには興味深いものがある。

10月12日、園田旅館をベースキャンプにしての小林での土地踏査が始まった。まず、役場で郡長に会って土地物色のための情報を集め、買えそうな土地に案内してもらった。東京の本部への寄せ書きに実篤は、

……土地は可なりいい処はありましたが、気に入ったとは言えませんでした。それに段《(反)》五十円平均には一寸閉口しました。然し更に勇気をおこしてその内いい処を捜し出すつもりです。然しいつさがせるかわかりません。祈りたい気でいます。

と切迫した思いを綴っている。

13日は霧島山麓、14日は須木村と踏査はつづく。15日野尻町の踏査では村長から放牧地が貰えるかもしれないと聞いて喜んだのも束の間、その翌日には放牧地の払い下げを断ってきている。

このような村長の変心（？）はその後の南那珂での市木村や大束村でも、はじめ好意的であった村長の態度がたった一日でクルリと変わるというハプニングを繰り返し実篤を困惑させている。

村長さんや、小林区の役人にあうと気が滅入った。人間らしい人間と話しているような気がせず、何か用心しているかけひき許りしている人間の根性と逢っているようで、こっちまで相手を利用したがっていることがはっきりして情ない気がした……。

（『或る男』）

実篤流の無邪気な楽天主義が、そのまま「日向」という辺境の田舎政治家や小役人たちに通用するには、あまりにも都会（東京）と地方との落差が大きかったという事情もあったに違いないが、〈新しき村〉という実篤の掲げる理念そのものへの理解度にも一因があったと思われる。日向の人士の眼には胡散《うさん》臭さで映り、警戒心を持たれたことも容易にうなずけることである。創設時の〈新しき村〉への石河内地元民の噂の中には、〝贋札〟をつくる輩《やから》、密造酒やタヌキの皮を獲る輩などという、笑えないエピソードがある。また土地取引きにつきものの価格や利害得失をめぐる当事者同士のかけひきや、仲介者の損得の思惑があったことも想像できる。

10月17日まで続いた小林での土地捜しは、実効を上げ得ず、中村は信州に加藤は佐伯へと帰り、18日からは東京から日守新一が加わって、実篤らは小林を引揚げ、宮崎へと移動してゆく。

二、木城村石河内字城——津江市作との出会い

西都原から茶臼原へ

小林方面での土地踏査を断念して宮崎へと本拠を移した実篤らは、第二ステージを県中央部の児湯郡一帯に方向転換した。宮崎での一泊後、10月19日実篤らは妻駅に降り立つ。ここでは切符紛失などの珍騒動もあったが、まず二手に分かれて実篤、守山(日守)組は西都原の御陵墓参考地へ。木村、後藤組は新田原方面を踏査した。実篤は『或る男』の中でその日の西都原の印象を記している。

自分達は参考地を通り越して偶然ある崖の上に出た。そして不意に視界の開けたのにおどろいた。しかも、その景色はこの世のものとは思えなかった。谷間々々に霞がこめていた。其処に無数の山が夢の島のように浮いていた。その山が皆鋭い輪郭をしていて高さは殆んど同じだった。それはいかにも天孫が降臨しそうに思った……。天人が舞いのぼったり、天降ったりし

そうな処に思えた。之でこそ日向だ。始めて日向にぶつかったと云う気がした。……自分達は狂気した。運がいいと思った。……ここに来て日向は矢張り日向だと思った。この美は他にはない。

（『或る男』）

実篤の感動がストレートに伝わってくる一文であり、「日向」を目指した実篤の希望に応える西都原の自然である。また『土地』には、「この美しさは天人が降臨しそうな美しさは他にはない。自分はふとモナリザの背景を連想した。自分はその感じがこの世のものと云うよりは夢にちかいものの気がした。この美しさは他の瞬間を見ると消えてしまいそうな気もした……いつかここに小さな書斎でもたてたらとひそかに思った。そのときは清い想像が自由に働いてくれそうにも思った」と書きつけている。

土地踏査初日の収穫はなかったが、その夜の妻の宿での話題は「西都原」の話題で盛り上がり、「運が向いて来た……」ことを確認しあった。

翌20日、実篤らは茶臼原の孤児院を訪ねる。前日、妻駅の駅長から孤児院で実篤らの一行を待っているという情報を得たからである。実篤らの土地踏査はすでに県下の話題になっており、行く先々で新聞記者に追われ、その素性についても憶測を交えていろいろ取沙汰されていた。

石井十次が創立した岡山孤児院分院茶臼原孤児院（現在は石井友愛社）は、明治20年（一八八七）に

茶臼原孤児院
（当時の鐘楼、1階にはいろいろな資料が置かれている）

孤児教育会孤児教育院（のちに岡山孤児院）として出発しているが、財政的な行き詰まりのため明治27年（一八九四）に〝日向移住〟を決め、翌28年1月から三回に分けて職員四人と年長男子六十余人を移住させ、茶臼原の開墾に当たらせている。実篤らが訪ねたときには、十次はすでに四年前に他界しており、実篤らは辰子未亡人や〝農場学校〟の校長松本啓一らの歓迎を受けている。

〝農場学校〟は十次の没（大正3年〈一九一四〉）後に創設されているが十次が理想としたキリスト教精神に基づく、ロマンあふれる農村共同体の実現に取り組んでおり、東京帝国大学で農学を修めた松本農学士の理念と、実篤の目指している〈新しき村〉には多くの共通項があった。実篤らはここで辰子や松本から茶臼原開拓までの苦労話などを聞き、その土地の広さや、小学校や農学校まで所有している孤児院の運営にも感心している。

〝願いは天に通じた〟——津江市作という人

出かけようとするその時、小野田という人物から高鍋のある人が実篤らの企てに好意を寄せ

「土地」の提供を考えているという耳よりな話を聞く。

津江さんに案内して頂くと云うことになって、孤児院の人が津江さんをさがしに出かけたが、津江さんはお帰りになったらしいと云って帰って来た。彼は内心がっかりした。今日は万事い丶ぞと思っていた処に、不意に幸運の鼻端を折られた気がした。

（『或る男』）

しかし、実篤は幸運に見はなされてはいなかった。そこへ不意に津江が帰って来たのである。「彼達はよろこばないわけにはいかなかった」。もし、この出会いがなかったならば、実篤と木城との結びつきはなかったであろう。「日向」の地に〈新しき村〉が出現したとしても、その後の展開は大いに変わった方向へと向かっていたに違いない。

実篤の願いは、まさに天に通じたのである。この日、実篤らは津江の案内で小丸川沿いに山手にある三十町歩ぐらいの土地を見聞している。

〈新しき村〉誕生に際して津江市作の果たした役割は大きい。ここで津江の人となりについて若干の補足を加えておきたい。津江市作は文久3年（一八六三）9月2日、高城村（現木城町）で生まれている。実篤とは20歳ほどの齢の開きがあり当時はすでに五十代半ばであった。気性の激しい祖父のもとで幼少年期を過ごし、幼なくして『論語』『大学』を読みこなし、真冬の水かぶりで不屈の精神を植えつけられたという。学歴はなかったが役場書記、小学校助手、木城農会長、木城村学務委員などを務め上げ、のちに児湯郡会議員から木城村村長へと昇りつめている。

のちに実篤はその著書『思い出の人々』（一九六六年・実篤81歳／講談社現代新書）の中で「津江市作さん」の一章を設け、「すべてはこの百二歳の老人のおかげ……」と感謝の言葉を綴っている。

〝新しき村〟コンビ再会

思い出花咲く50年前

武者小路氏と　宮崎から102歳の市作さん

叙勲で上京

『大地の滋味を集めて人間に捧ぐ』と書く武者小路実篤氏。じっと見守る百二歳の老人―。やがてふたりは手を取り合い、肩を抱いて五十年前、宮崎県の一角に築いた〝新しき村〟のことを時のたつのも忘れて話し合った。

武者小路実篤氏

晴れの自治功労章を胸に、武者小路氏となつかしい対面をした津江さん、右は花さん

宮崎県児湯郡木城村椎木岩淵の農業津江市作さん（百二歳）は、十六日、東京・九段会館での自治功労者等の叙勲伝達式で、永山自治大臣から『木城村の村有林造成に心血を注ぎ、村の財政基盤を確立した宮崎県内で最長老者』として勲五等瑞宝章を授与した。長男の嫁花さん（六〇）に手をひかれて表彰状を受ける津江さんに会場からはお祝いの拍手が贈られ『長生きしてくださいよ』という自治大臣の励まし。百二歳の老人は顔を紅潮させ一世一代の晴れの舞台で深く頭を下げた。

この津江翁は大正八年、武者小路氏が三十三歳のとき若い文化人を集めて日向の地に〝新しき村〟を築いたときの世話役でもある。武者小路氏が『思い出の人々』のなかに述べているように、土地を案内し、まとめてくれたのが当時五十四歳の津江市作さん。

当時茶臼原の孤児院の仕事をしていた津江さんは、東大農学部を卒業してすぐ赴任した松本圭一院長（いま南米で活躍中という）を通して武者小路氏が土地を捜していることを聞き、木城村石河内を最適地として勧め、これをまとめあげた。いらい武者小路氏とは同氏が〝新しき村〟を去るまで陰に陽に援助が続いた。そのご津江氏は木城村長などしながら〝日向の二宮尊徳〟といわれるように農業と村の成長に専念。今日の豊かな村を築きあげた。

武者小路氏が贈った色紙

東京で授賞式があると聞いた津江さんは『おう、武者小路さんに会えるぞ、東京にぜひ連れて行きやいよ』と花さんをくどき落とし、老齢を心配する家族をせきたてて十四日汽車に乗った。二十二時間の長旅に疲れもみせず、十五日東京駅に着くとすぐ、都下の調布市に住む武者小路氏宅を訪れ、感激の再会となった。

ふたりとも『懐しいなあ、元気だね』を連発。五十年前の思い出話に花を咲かせ『上田さんや村田さんはどうしてるかな』と旧友のことを語り合い、お祝いの色紙を書いて『自分は足が弱ってもう出歩けぬ。津江さんは達者だなあ』とうらやましがりながら、武者小路氏は同夜おそく津江翁を送り出した。

津江さんは、いまも庭で草むしりやタキギつくりをするほどの元気さだが、武者小路氏は『病気の原因をつくらないで、勤勉に働いていると人間はいつまで生きられるかを身をもって示されているような津江さん』とこれからの長寿を祈っていた。

なお津江さんは同日午後、皇居で陛下にお目にかかったが『これで何も思い残すことはありません』と、なんども語っていた。

実篤と津江との再会を伝える新聞記事
（西日本新聞 昭和41年5月17日付）

一つのエピソードを紹介しておく。昭和41年（一九六六）の〝春の叙勲〟で津江市作は自治功労者として勲五等瑞宝章を受賞している。その叙勲伝達式に長男の嫁花と上京しているが、この機会に調布市の武者小路宅を訪問。当時の西日本新聞は社会面中央に「〝新しき村〟コンビ再会し思い出花咲く50年――」の大見出しで報じている。この時津江市作は百二歳。この二年後、津江は百四歳の高齢記録を残して大往生している。

〝城の地〟と出合う

元に戻るが、10月20日津江に案内されて向かったのが木城村川原の山地である。「三十町歩位いの広さがあった。殊に見はらしは大きかった。下の方に小丸川の流れがあって、その向うの高地があったが、それを越えて遠方の山が見え、一方は海さえ見えた」（『或る男』）。実篤は大いに気に入ったが、値段の点で折り合えず、実篤らには手の出ない土地であった。この日は高城の小丸川のほとりの深水桑一宅に泊まっているが、この深水は〈新しき村〉のよき理解者となり、その後実篤と親交を深めてゆく。

10月21日には再び津江の案内で川南十文字に出かけているが、津江が目指していた土地はすでに売却されており、それに代わる場所として、実篤は津江から、「……少しせまい処ですが、川に三方かこまれた、昔、城のあったと云う土地がありますが、見ませんかと云われた」（『或る男』）。

津江の思いつきとも思える誘いが、実篤らに思わぬ収穫をもたらすことになるのである。その「土地」こそ、やがて〈新しき村〉の敷地となる「児湯郡木城村石河内字城」である。津江の先導で実篤らは険阻な三里の山道を「何度も、まだかまだかと思いながら」、やがて、その「土地」を眼下に見おろす「前坂」に辿り着く。


そしてその日一番あとに見たのが石河内の城だった。

そこも自分たちはすっかり気に入った。

そこは擂鉢の底のように、四方高い山に囲まれていた。そして城は石河内の村とは川をへだてて、いかにも別天地だった。それの三方をかこんで流れる川は昨日見た川の上流でさらに美しかった。激流のところや淵のところがあった。仲間の一人は、十一月に近かったがその川にとび込んで泳いだ。

（『土地』）


実篤らは、前坂から石河内に下って石河内の区長橋本治平の案内で舟で城の地に渡っている。津江市作もここなら間違いなく買えると保証してくれた。土地の人は一反三十円くらいで買えると言い、「やっとぶつかるところへぶつかった気がした……」と実篤らを安堵させた。

小丸川に飛び込んだのは木村荘太である。その荘太は本部への報告に「今日有望な第二候補地が見つかったので随分喜ぶ。……千年前の古城跡で、三方を川が取りまいている。広さは十町余で、夜猪が芋を取りに来る。春は鹿が飛びオシドリが時々浮かんで来る……」と、興奮を伝えている。まだ18歳であった守山一雄（日守新一）も「実に新しき村にぴったりしている気がします。自分達の想像以上に恵みのゆたかな土地と思います。総てに恵まれ、祝福されている気が強くします」と殊勝な感想を寄せている。その日守に房子とのラブ・アフェアが訪れるのは、その数年後のことである。

二転、三転の末に

しかし、木城村石河内字城の「土地」がスンナリと決まったわけではなかった。提供される区域は一反七十円という売り値で、平均五十円なら買ってもいいという実篤の胸算用との間に開きがあった。「自分は少しいやな気がした」と実篤は呟く。「折れるにきまっている」と力づけてくれる人もあったが、実篤らは高城の宿屋を根拠地にしてまた土地捜しを始めるのである。

今度の目標は、日向南部の南那珂である。中に立ってくれる紳士が現れ、まず飫肥の郡長に会う。その〝顔〟を利用する形で市木村の村長に会ったが、早稲田大学出身だと名乗った若い村長は、実篤が「自分たちは初めて気楽に話せる村長に逢ってよろこんだ」と好印象を持ったが、ここでも実篤たちの希望は裏切られ、飫肥の郡長同様、期待はずれの結果となった。わざわざ手紙をよこし自分たちの村に住んでくれ……と積極的だった村長は約束を反故《ほご》にして、実篤らの出発にも姿を見せなかったのである。

実篤らはこのあと大束村に移動する。村長は風邪で寝込んでおり、その村長宅を訪ねて行く。「村長は一見してたのもしい人に見えた」。実篤たちに好意を持ち、自分の名義で土地を買おうと積極的な態度を示した。実篤は心の内で石河内の城の土地を入手できたとしても、この大束に土地を持ちたいと、まさに一挙両得の心境になっていた。

そしてもし大束の土地を手に入れた場合、海岸部のこの土地に敵兵が上陸して、自分たちが何年もかかって作り上げた農園、果樹園を荒らし家畜をほふり、家を焼く〈戦争〉の妄想にとらわれるのである。いかにも実篤らしい飛躍である。だが、日ならずしてその大束村の夢も消える。土地の値段が最初に聞いた値段の三倍になっていたのである。

だが、この大束村との折衝の過程で、実篤に吉報が届く。南那珂郡の福島（現串間市）の郵便局に立ち寄って高城にいる兄弟（仲間）からの知らせを確認したところ、房子からの電報で石河内城の土地が「五十円にまけた」という知らせであった。「万歳！やっと万事がうまくいった」。小踊りして喜ぶ実篤らの歓喜が想像できる。

石河内の土地の地主が正式に承諾したのは11月14日、ロダンの誕生日であった。12月に入って「土地」の登記も完了、12月のある日、実篤の一行は石河内に引っ越した。

日向日向と云っていたのが、いつの間にか日向に来、土地土地と云っていたのがいつの間にか土地を得、登記がすんだらと思っていたら、いつの間にか登記がおえた。

そして今日から自分たちの土地の上で働く。

幸よあれ

（『土地』）

実篤の偽りのない心情であった。日向上陸以来、三カ月にわたる実篤らの土地踏査の苦闘は、ここに大団円を迎えることになるのである。作品『土地』の終章は次のように結ばれている。

三十五

自分は祈りたくなった。

「我を生かしたものよ。我にこの仕事させるものよ。我に兄弟を与え、この土地を与えたものよ。我の仕事がまちがっていなかったら我々の仕事をたすけよ。自分は七度倒れても八度起きる。百度倒れても百一度起きる。いくら倒れても、何千度倒れても、必ず自分は起きる。死なない限りは。そしてこの仕事が正しい限りは。私の一生をあなたに捧げる。私はいちばん正しい、まちがいでないものに一生を捧げないことを恥じるものだ。あなたよ、私を導け。私の未来の頁《ページ》にはどんなことが書かれているかは知らない。だが背《そむ》ききりにはならないようにしてくれ。そして死ぬときはあなたの懐《ふところ》に帰りたい。あなたを抱きたい。

私の仕事はときに消えかかるかも知れない。油が不足になるかも知れない。だがそのときでもあなたに背かなければ最後の勝利を得ることを知っている。

私をここまで導いてくれた神よ。私にはもう人類は犠牲を払わずにあなたのもとに帰れるときに達しているように思えます。私はその道を見出したと思います。

それはまちがいですか。いやまちがいとは思いません。真心さえ生きれば、私の真心さえ生きれば、兄弟姉妹の真心さえ生きれば、全世界の真心が生きれば。

神よ。私はあなたの前に跪《ひざまず》きます。お導きください。私は今までまちがった生活のために、労働力が半人前きりないでしょう。私をお導きください。私をお使いください。そして私の足りないところを十二分におぎなってくれる兄弟姉妹をお授《さず》けください。

すべて私の力ではありません。あなたの力です。しかし私の真心を通してのみあなたがあらわれることを私は信じております」

神よ。自分は心で神に礼拝した。自分の目は涙ぐんでいた。清き流れはたえず流れ、仲間を受入れて海へと流れてゆく。

幸よあれ！

（大正9年〈一九二〇〉4月）（『土地』）

三、〈新しき村〉の構想――夢からの啓示

夢の話

〈新しき村〉についての実篤の構想は、すでに「白樺」創刊時（明治43年〈一九一〇〉）から始まったと言われているが、著書『自分の歩いた道』（昭和31年〈一九五六〉／読売新聞社刊）では、「新しき村への動機」として、『出家とその弟子』の著者倉田百三からの紹介で知ることになる西田天香との出会いを挙げている。

西田は大正2年（一九一三）京都の地で〈一燈園〉を開き、約五万坪の敷地に七十家族、三百人を収容（現在）、農耕、印刷業、営膳などを通じて宗教的な共同体を実践してきている。

むしろ興味深いのは、実篤が22歳の時に見たという夢の話である。

或る男　百

僕は変な夢を見た〈中略〉「いゝえ皆勝手な着物を着ています。着物もすきずきがありますか

らね。あれを御覧なさい」老人は骨太な頑丈な手でもって前に半円をかいた。

僕は指さす方を見ると百人許りの人が色々の着物を着て一緒に働いている。

「この村の人は何人ぐらいですか」と老人に聞いた。

「そうです、百五六十人はいます」

「皆農業をやっておいでゝすか」

「いえ、そうでもありません。子供はやっていません。その他病気でなければ働きます」〈中略〉「実は私が二三の人と話をした時、こう云う村をつくったらいゝだろうと冗談を云ったのです。すると友が非常に賛成してくれて是非やろうと云うのです。しかし僕は空想家で実際家ではないのでしたが、二人の友は実際家で意志の強い人でしたから、その人にはげまされてこの村に来たのです。始めは三人でした。二年程働きました。勿論食糧は他から運んで来たのです。するとようやくこゝで食物がとれるようになりました。そこで三人の一家はこゝに引越すようになったのです」

「この村の人は皆親子兄弟姉妹なのです。バイブルをお読みになったら御承知でしょうが、それ神の旨に従う者は是、わが兄弟、わが姉妹、わが母なり。とキリストが云われたのを元としたのです。それで今でも私達と同じ考えを持っている人は歓迎しているのです。この場所は狭いのですが、段段拡げてゆく心算なのです。しかし拡げる内に内をよくしなければなりませ

んから、この村には誘惑物はないのです」〈中略〉

「こゝは図書館とも云うべき所です」

「この本は買って来たのですか」

「えゝ」

「金がなくなってよく買ってこられますね」

「この村に金はないのですが、この村で食い切れない程いろいろのものが出来ます。それに草花なぞも余る程出来ます。それを夜に運んでゆくのです。それでその十分の九は、困っている人に上げるのですが、十分の一だけは市へ持って行って売って本の他、いろ〳〵のものを買ってくるのです……あなたはこゝにお住みになったらどうです」

（『或る男』）


この夢の話の執筆時の日付は「１９０６年1月20日」となっており、実篤の「年譜」に照らし合わせると、明治39年、この年4月に志賀直哉と二人で富士五湖から赤城山までの徒歩旅行に出ており、７月に学習院高等科を卒業、９月には東京帝国大学文科大学哲学科へ入学している。この実篤の青春時代については第二章で詳しく紹介するが、この頃から実篤は小説・詩・対話・戯曲・感想と、形式にこだわらないエネルギッシュな創作を試みている。この夢の話に続いて実篤は、「これはトルストイの影響をうけて書いたものらしい。そして彼が新しき村の仕事を始めた時より十二、三年前に書いたものだ」と書き添えている。

「新しき村の精神」

実篤にとって〈文学〉への出発と〈新しき村〉への動機はほとんど同時だと言ってもいいかもしれない。自らこの二つの事柄は「彼の双生児である」と語り、「新しき村は彼の胎内に十何年いた。人類の胎内には何千年、何万年いたか、彼は知らない……」(『或る男』)とも言う。

のちに「新しき村の精神」として〝公布〟されるマニフェスト(機関誌「新しき村」の裏表紙に毎号刷り込まれている実篤書)に盛られている理念は、人類共通の理想としてこの時期から実篤が温めてきた思想であり、また実践哲学だと言ってもいい。

新しき村の精神

一、全世界の人間が天命を全うし各個人の内にすむ自我を完全に生長させる事を理想とする。

一、その為に、自己を生かす為に他人の自我を害してはいけない。

一、その為に自己を正しく生かすようにする。自分の快楽　幸福　自由の為に　他人の天命と正しき要求を害してはいけない。

一、全世界の人間が我等と同一の精神をもち、同一の生活方法をとる事で全世界の人間が同じ

新しき村について
武者小路実篤
Atarashiki-Mura

武者小路実篤著『新しき村について』
（「新しき村」別冊〈平成20年刊〉）

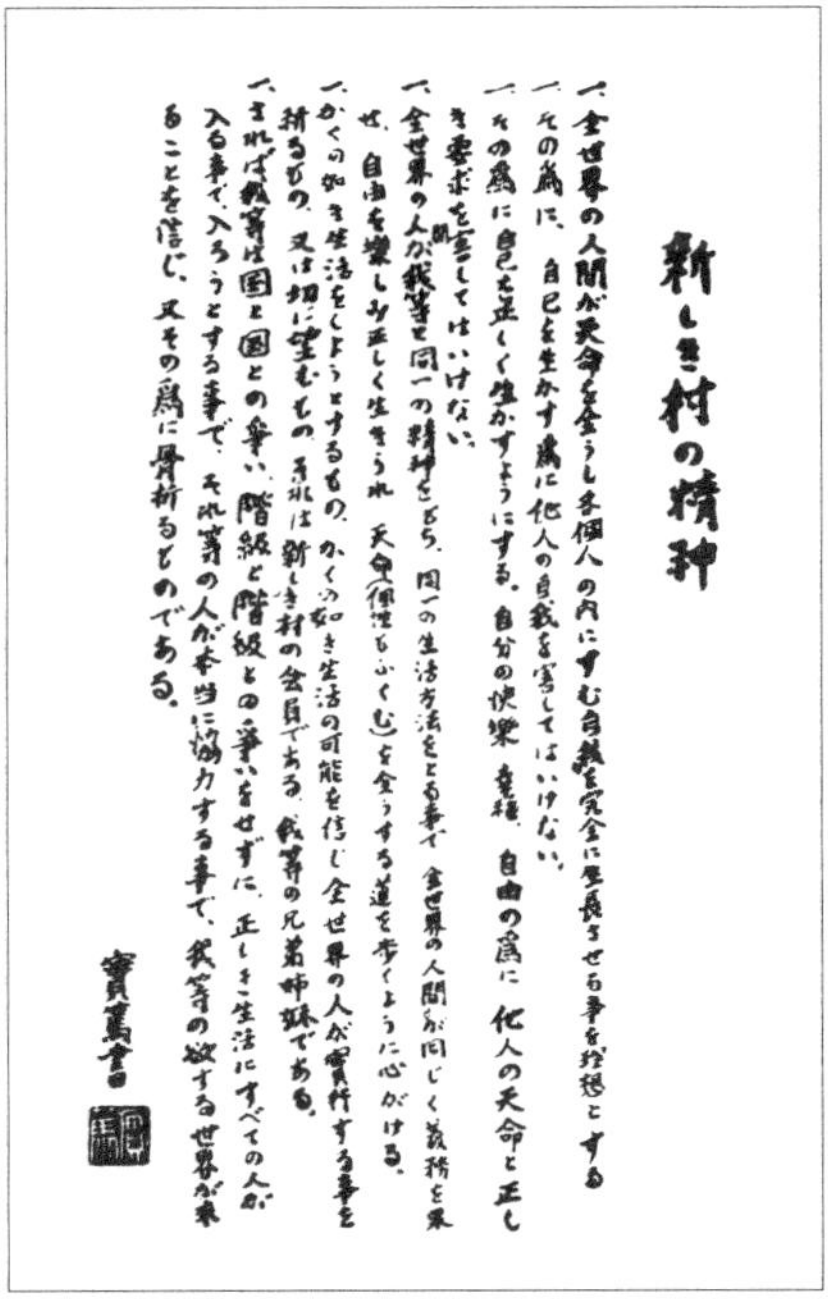
新しき村の精神
一、全世界の人間が天命を全うし各個人の内にすむ自我を完全に生長させる事を理想とする
一、その為に、自己を生かす為に他人の自我を害してはいけない。
一、その為に自己を正しく生かすようにする。自分の快楽、幸福、自由の為に他人の天命と正しき要求を害してはいけない。
一、全世界の人が我等と同一の精神をもち、同一の生活方法をとる事で全世界の人間が同じく義務を果せ、自由を楽しみ正しく生きられ天命（個性もふくむ）を全うする道を歩くように心がける。
一、かくの如き生活をしようとするもの、かくの如き生活の可能を信じ全世界の人が実行する事を祈るもの、又は切に望むもの、それは新しき村の会員である、我等の兄弟姉妹である。
一、されば我等は国と国との争い、階級と階級との争いをせずに、正しき生活にすべての人が入る事で、入ろうとする事で、それ等の人が本当に協力する事で、我等の欲する世界が来ることを信じ、又その為に骨折るものである。
實篤書

実篤筆「新しき村の精神」
（機関誌「新しき村」の裏表紙に毎号掲載されている）

く義務を果せ、自由を楽しみ正しく生きられ天命（個性もふくむ）を全うする道を歩くように心がける。

一、かくの如き生活をしようとするもの、かくの如き生活の可能を信じ全世界の人が実行する事を祈るもの、又は切に望むもの、それは新しき村の会員である、我等の兄弟姉妹である。

一、されば、我等は国と国との争い、階級と階級との争いをせずに、正しき生活にすべての人が入る事で、入ろうとする事で、それ等の人が本当に協力する事で、我等の欲する世界が来ることを信じ、又その為に骨折るものである。

いま、私の手許に平成20年11月1日発行の「新しき村」別冊の武者小路実篤著『新しき村について』の小冊子がある。表紙には〈東の村〉の入口に立つ、「この道より我を生かす道なしこの道を歩く」の標柱から〈村〉を望む写真、その裏表紙には〈東の村〉の初期入植者によって初めて建てられた〝三角屋根のバンガロー〟（現在も当時のままの姿で保存されている）。このページには次の詩句が印刷されている。

それが新しき村
人間の誠意が生きる処
人間の真価が通用する処
その他のものが通用しない処
それが新しき村である

そして『新しき村について』の本編には、大正9年（一九二〇）に実篤によって書かれた「新しき村について」に始まる「新しき村より」（一九二五）「新しき村と他の主義」（一九二〇）「新しき村の信仰」（一九二〇）「自分達の使命」（一九五四）「新しき村は空想社会主義に非ず」（一九六二）などの、

〈新しき村〉の存在理由とその実践についての実篤の論考が集約されている。

〝生命を生かす〟――真人主義

〈新しき村〉誕生以来、実篤はこれまで繰り返し繰り返し「新しき村」について語ってきている。『自分の歩いた道』や『或る男の雑感』(昭和36年〈一九六一〉/実業の世界社刊)など、自伝にからませた「新しき村」への執着をことあるごとに訴えてきている。その中に戦前に刊行されている『新しき村に就て』の一冊がある。昭和17年(一九四二)〈馬鈴薯叢書〉として扶桑社から刊行。文庫版ながらハードカバー二百ページを超す、〝戦時中〟としてはなかなかおしゃれな造本となっている。この中に昭和16年(日米開戦の年に当たる)に書かれている「新しき村に就て」の一文がある。

この二年前に、埼玉県毛呂山に〈東の村〉が誕生している。〈馬鈴薯叢書〉はいわばその〈東の村〉キャンペーンのためのシリーズであり、この『新しき村に就て』を第一集に、武者小路実篤著『狂言集』、千家元麿著『戦曲集――自選大東亜戦争詩集』が続き、近刊予告として永見七郎編『新しき村詩集――村の詩人十三人の傑作集』、武者小路実篤著『志賀直哉の手紙』などのラインナップとなっている。〈日向の村〉から〈東の村〉へと展開した意気込みが伝わってくるのだが、それは〈大東亜戦争〉と同時進行の〝非常時〟に向かっての困難な歩みでもあった。

「新しき村に就て」の抜粋を掲げておく。

我等は新しき村をつくろうとしてから二十何年たつ。そしてある所までこぎつけて来たが、しかしまだ実現出来ないうちに、いろいろ事情があって、今度東京から日帰り出来る所に再度の新しき村をつくろうとしている。

○

だから新しき村はまだ地上には存在しないのである。しかし我等の心には存在しているのだ……それなら我等は何をしようとしているのか。

○

我等の望みは平凡である。あたりまえのことである。誰にも出来ることである。……つまり、我等の望みは、先ず自己の本来の生命を生かすと同時に、他人の本来の生命を生かすことに役立ちたいというのだ。

○

だから我等は他人を奴隷にすることを恥じる。また自分を他人の奴隷にしたくない　お互いによき人でありたい。兄弟姉妹のように助けあいたい。しかし助けあうために自分に忠実になることを忘れないようにしたい。嘘ついたり、心にもないお世辞をつかって他人と仲よしになることは我等の望まない所である。

○

我等は心の美しいものが集まり、その美しい心が地上に生きることを望んでいるものだ。少なくとも、その地上をゆく時、その土地にいる時は、利害を忘れ、物質的欲望からはなれ、金のことを忘れ、たゞ兄弟姉妹と喜ぶ為にのみ働く世界、それが我等の世界なのである。

（「新しき村に就て」）

実に平明な表現による実篤らしい〈新しき村〉創設の理念である。〈大東亜戦争〉開戦直前に書かれた文章であるが、ここにはまだ〝戦時下〟の暗さや緊張感はなく、〈日向の村〉からの延長線上での、理想の〈新しき村〉への実篤なりの〝青写真〟が見てとれるのである。

また、昭和14年（一九三九）9月〈東の村〉開設時に書かれている「新しき村覚之書」の中では、

○

村の人は政治を超越していかなる時代でも良民であり、良民の味方であることを心がける

村のものは特別な事情がない他、たゞで人にやってはいけない。自活が出来た上に余りがあれば別である

自活は唯一の目的ではないが、目的の一つにはなり得る

○
働かざるものは食うべからずとは我等は云う資格はない。べからずなぞという傲慢な言葉は我等はつかいたくない。
しかし働かないと食えない事実は認めないわけにはゆかない。
○
新しき村は美しい村でありたい。
だが金はかけずに出来る美しい村でありたい。金さえあれば出来るようなものはつくりたくない。
○
他人を雇わないと美しく出来ない村はつくりたくない　村の兄弟の協力で美しくしたい。

村は村の精神を生かす処
村の兄弟の村への為の生きる処
村に厚意を持つ人を歓迎する処
しかし遊び心や好奇心でくる人を歓迎するところではない。

（「新しき村覚之書」）

これらのアフォリズムの中に実篤の〈新しき村〉への指針はすべて示されている。「我等」という複数の主語を置きながらこれは実篤自身の思想であり、信念に基づく言葉なのである。つまり、〈新しき村〉は〝実篤教〟の信者たちによる宗教的な結びつきからの結集体であるとも言えようか。

同書の中に収められている「真人主義」の一項を挙げておく。

真人主義

自分は之から真人主義でやってゆきたく思う。真人と云う言葉は好きでもないが、他によりい丶言葉もないので仮りに真人主義と名づけた。

つまり誰でも真人になりたいと思うものは、自分達の兄弟姉妹である。貧乏人でも真人になれる。金持でも真人になれる。少なくもなりたいと思うのは目標において、一致していることをはっきりしたい。

金に仕えることは真人になることには害がある。金のありあまるものはない人に融通する。それもない人の生命を尊重して融通し、恩にきせず、又報酬を望まないことは真人にふさわしい。金に執着して隣人の生命を尊敬しないものは真人ではない。自分の生命を尊重することは真人らしいが、その尊重の仕方は、安逸を望むからではなく、自分の使命を立派に果たすことである。そして隣人の生命も等しく尊敬することが真人らしいことだ。

自分の生命を尊重しないのは真人主義に反する。同時に他の生命を尊重しないのも真人主義に反する。

皆が真人になれば皆の生命が正当に生きられることを意味する。

ブルジョアの子弟でも真人になろうと思えばなれる。自分の生命に害のある富はすてるべきである。或はそれを他の生命の生きるのに役立つ仕事に捧ぐべきである。不当の金をもち、不当の生活をして真人たることは出来ない。他人の自由意志を害する生活は真人の生活ではない。真人は自分の生命に役立つ範囲で富を尊重するが、それ以上に富を尊敬しない。富が目的ではなく、自分達の生命が目的である。

四、〈新しき村〉誕生

土地登記完了

木城村大字石河内字城――〈新しき村〉の土地取得までには、地元の人々との値段をめぐるかけひきがあった。いったん反当たり五十円に決まった話もお流れになりかかり、この間実篤側では大東村との折衝に木村を出し、あわよくば木城と大東の二カ所に〈新しき村〉を……という胸算用であった。『或る男』ではそれまで常に〝正攻法〟で臨んでいた実篤が日向の人々のあいまいな対応から学習して、はじめて策略を講ずる場面が出てくる。

実篤らがいかに「石河内」を望んでいるか。その足元を見られている村人たちに、逆に、もし負けなかったら皆で大東に行く……と津江に期限を切って迫るのである。その翌日「承知した」という返事があり、結果オーライの朗報に大喜び、東京の本部、大阪の支部に電報が打たれた。一方、大東の方は土地の有力者の反対もあり、村長の態度もすっかり変わっていた。「反ってその方がいい」、実篤はそう思った。ここに日向の〈新しき村〉は本決まりとなった。

私達の祈りはきかれて
土地は与へられた　あなたから
ありがとう
あなたの守護なしには土地は得られなかった
あなたの守護なしには土地は生かせない
私たちはあなたの光栄の為めに働くものだ
どうかいつ迄も守護して下さい

実篤のその時に偽らざる心境詩である。

「間もなく、村の第一種会員は十数名になった。そしてその人達は城には一軒の家もないので城の川向うの石河内に一軒家を借りて其処に住んだ。そして彼一家三人は土地の登記のすむまで深水にいた」（『或る男』）。この時、実篤はようやく房子、喜久子との家族の生活を取り戻すが、あくまでベースキャンプとしての仮住まいである。

『或る男』には、八畳に八人位で寝た夜の描写があるが雑魚寝の中で当時18〜19であった松本廣吉が度々実篤の頭を打つユーモラスな場面が出てくる。「いくらよけようと思っても両手でやってくるのでよける余地がなかった。彼は知らずにやっていることがわかったので腹は立たなかった……」。子爵家に育った実篤にとっては、思っても見ない人生経験であったに違いない。

この年（大正7年＝一九一八）12月に入って土地登記が完了する。城で正式に登記されたものは次のとおりである。

畑七筆	一町一反八畝七歩
田十五筆	一町三反二畝十三歩
宅地　九坪	山村三畝九歩
合計	二町五反四畝八歩（七六二八坪）
城の民有地	八五〇〇坪余り
官有地借地	一町五反七畝八歩

〝村づくり〟

実篤らは石河内に山間の家を借り、木村荘太夫婦と共に住みながら、城に通って早速麦や野菜の種播き、開墾、果樹の仮植、合宿所の建築……と〝村づくり〟に着手してゆく。

最初の〝入村者〟は、武者小路実篤（34歳）、房子（27歳）、喜久子（10歳）、川島伝吉（22歳）、なほ子（23歳）、かほる（2歳）、木村荘太（30歳）、斉藤元子（23歳）、後藤真太郎（24歳）、萩原中（19歳）、辻克己（27歳）、杉本広吉（19歳）、横井国三郎（19歳？）、日守新一（守山一雄＝19歳）、西島九州男（24歳）、小島繁男（22歳？）、今田謹吾（22歳）、伊藤学（19歳？）の十八人。食事は米六麦四で一日平均一人約五合、小遣いは一カ月大人一円子供五十銭（11月17日から12月31日までの食費は、二一七円九二銭＝一人約十二円）。

会誌「新しき村」に掲げられた会則がある。

一、会の精神に賛成し、自ら責任をもって入りしものを会員とする
一、会員には二種ある。村に入って協力して会の精神通りに生活しようとするものと、その精神には本気に賛成してもまだその生活には入れない事情にいるものと。前者を第一種会員と云い、後者を第二種会員と云う。
一、第一種会員は村に入るとき、無条件にて自分の持っている金を全部村におさめる。なければなくってていいが。
一、村に入る責任は、全部自己が荷う。

（新しき村会則）

大正９年当時の
村の全景（上）と
村内の様子（下）

大正8年（一九一九）に入って、合宿所（35坪）の建築に着手している。母屋は石河内の廃屋を解体して材料を運んだが、不足材は一里以上も歩く製材所から、実篤も加わって一日四、五回も肩に担いで運んだという。この当時の村の生活を綴っている川島伝吉著「日向の村の思い出」によると、皆がよく働くので石河内の人々も驚いたと伝えられている。

こうした重労働の一方で、2月には〈新しき村〉で初めての村人による「デッサン展」が開かれている。川島伝吉、西島九州男、横井国三郎、萩原中らの作品の他、岸田劉生による特別出品があった。

5月に入って、ようやく母屋（合宿所）が完成（八畳三間　炊事場、食堂、浴室）。12日には完成祝の〝村の祭〟があり、演劇が公演されている。宮崎の地における歴史的な〈新劇〉の舞台である。この日のレパートリーは実篤の新作「新浦島」とチェホフの「犬」。また高城からオルガンが搬入されている。

実篤はこの時期「幸福者」を書き上げたが、3月から4月にかけての約一カ月各地の支部を回っている。福岡支部、帯広支部、呉支部が次々に発足、また安孫子の実篤旧宅（土地は借地）が五三九〇円で売れ四〇〇〇円余りが村の財政に投入された。

この年の、最初の麦作は上出来、唐芋、大根などの野菜類の収穫もあり、各種の果樹苗木の植付けや桑の木、竹の植付けもされ、〈新しき村〉はようやく〈村〉の形態の基礎を固めつつあったが、共同生活につきものの感情のもつれや、病気の多発、ホームシックなど実篤の頭を悩ませる問題も多かった。木村荘太夫妻、西島九州男、小島繁男、今田謹吾、伊藤学などが離村（小島、今田は後に帰村）、後藤真太郎、日守新一も後に離村、その一方で実篤に同行して千家元麿が数日間村に滞在、河田汎徳、斉藤徳三郎、弓野征兵太、福永友活、中村亮平一家などが〝入村〟している。この後も〝離村〟〝入村〟の人間模様は続いてゆく。

大正8年（一九一九）、雑誌「新しき村」五月号に発表された今田謹吾の手紙がある。

十五、六日前から、皆農夫より人夫に近い仕事をしています。材木運搬をやっています。一里の山道、しかも空手で登るにも苦しい道や馬も通らぬ道を、五寸角の一間もの赤松のずいぶん重い生木などをかついで、一日に四、五回も往復したりして近所の者を驚かしました。近所の人は一日に二回がやっとなのです。武者小路先生の活動ぶりには驚きました。目のあたりに先生が重い木を一人でかついで行かれるのを見ると、たまらない気がします。祈りたくなります。自分はまだ先生の口から一口も苦しいという言葉を聞かないことを皆さんに知らしたく思います。

（「新しき村」大正8年5月号）

第二章
〝稀有の人〟武者小路実篤
――その出自から『白樺』創刊の時代

「白樺」のメンバー（大正８年撮影／調布市武者小路実篤記念館提供）
（前列左より柳宗悦、木村荘八、実篤、清宮彬、犬養健。後列左より尾崎喜八、佐竹弘行、八幡関太郎、新城和一、椿貞雄、バーナード・リーチ、小泉鉄、近藤経一、木下利玄、岸田劉生、志賀直哉、長与善郎、高村光太郎）

一、出自――幼少年期

子爵の末子の生まれだが

今年（二〇一八）は、作家武者小路実篤の生誕百三十三年に当たる。実篤は明治18年（一八八五）5月12日父実世（34歳）母秋《なる》子（32歳）の八番目の子として、東京都麹町区元園町一―三八（現在は千代田区麹町二番町六番地）で生まれた。始めの五人の兄姉たちはまだ乳呑み児の時に早逝、姉伊嘉子（7歳）兄公共《きんとも》（4歳）に続く末子である。事実上は三人姉弟として成長している。

「武者小路」の姓《かばね》の示すとおり、その先祖は京都の公家の家柄である。藤原鎌足につながる藤原季公を祖とする三条家の一族で、三条西家から分かれた公種の邸宅が京都武者小路にあったので、以後「武者小路」を名乗り、二代実陰は人麿、貫之、定家などと並び称せられる歌道の〝達人〟として知られ準大臣に補されて「芳雲集」などの家集を遺している。

武者小路子爵家を継いだ父実世（嘉永4年〈一八五一〉生まれ）は、明治維新後急速に近代化を目指してゆく新政府のもとで公家中の俊才の一人として、明治4年から7年までの四年間ドイツ・ベルリンに留学、西洋の近代社会を実地に学んだ〝開明の人〟。帰国後は、華族会館司計局長、麹町区議会議長、浦和裁判所判事などを歴任、岩倉具視らと日本鉄道会社を起こしている。ポートレートで見るとまさに〝貴公子〟である。

母秋子（嘉永6年生まれ）は、代々儒学をもって朝廷に仕えていた勘解由小路《かでのこうじ》家から17歳で二つ年上の実世に嫁いでいる。鹿鳴館を想像させるドレス姿の全身の写真で見ると、やんごとなき公家の子女であるが、八人の子を産み早く伴侶を失った武者小路家の、華族としての体面を守り続けた一人の女としての逞しく賢い生き方は、賞讃に価する。この父母あっての作家武者小路実篤の出現であったと言えよう。

父・実世

母・秋子

（調布市武者小路実篤記念提供）

しかし、父実世は明治20年（一八八七）肺結核のため長逝している。享年36歳、実篤2歳5カ月の時の悲運であった。その父は生前、兄公共と実篤について、

死ぬ前父は、兄の顔を見て

「この子はわるゆきしても公使にはなるだろう」と言った。

そして僕の顔をみて
「この子をよく教育してくれる人があるといいのだが、そうすればこの子は世界に一人と言う人間になるだろう」
と言ったと言うのである。
僕は子供の時から、祖母にこの父の予言を聞かされた。

（実篤著『自画像』〈父の豫言〉）

叔父・勘解由小路資承

母子家庭となった武者小路家には、祖父実建の側室（実世の実母）ら老女三人と家族五人（使用人はいたが）の侘しい日常が訪れているが、この時代一家の頼りとなったのは母秋子の実弟である勘《か》解由小路資承《でのこうじすけこと》であった。

大礼服姿の資承の写真があるが、堂々たる体躯のこの叔父は、公家出身らしからぬ〝自由人〟の気質を持っていたようだ。経営していた深川セメントが倒産したのち房総（千葉県）の鋸山の見える寒村金田村唐池に住居を構え、土地の人々に〝三浦の殿様〟と親しまれ、自ら畑を耕し肥料を担ぎ麦飯を食っていたという。

11歳の時から実篤は、毎年夏になると船で浦賀―下浦を経由してこの叔父資承を訪ねているが、のちに、「影響を受けた人々」の第一にこの叔父の名を挙げている。その資承からの一番大きな影響はロシアの文豪トルストイに眼を開かされたことである。実篤の年譜（中川孝編　河出書房刊〈カラー版日本文学全集〉「武者小路実篤」）には次の記述がある。

明治36年（一九〇三）18歳

中等科卒業、高等科入学。三月お貞さんは学業を終え帰郷。ついに恋を打ち明けなかった。しかし、この失恋の深い傷が文学を一生の仕事とする因ともなった。この一年ほど前から、叔父勘解由小路資承の影響で、聖書、トルストイを読み出す。トルストイでは「わが宗教」「我が懺悔」を加藤直士訳で読んだのが初めてという。

のちに、〈新しき村〉を思い立つ実篤の心理の底に、どろ運びなどを手伝っていたというこの金田村での叔父との日々が眠っていたことは容易に想像できるのである。〝文弱の徒〟であり貴族階級であった武者小路実篤と〝農業（百姓）〟との取り合わせは決して唐突なものではない。この資承はまた実篤の〈文学活動〉にも理解があり、学習院中等科時代の実篤ら級友との写真にも紋付羽織姿で収まっている。実篤にとっての精神的なパトロンでもあった。

兄と弟

彼は子供の時から非常に強情ぱりで癇癪持ちだった。折れることを実に嫌った。母は彼の父が癇癪持ちで折角仕事を乗気で始めても、いつも大事な時に癇癪を起こして駄目にしてしまうことを残念に思っていた。それで彼の癇癪癖を治す為に母は随分苦心した。（『或る男』）

「彼」という三人称が使われているが、大正12年（一九二三）に新潮社から刊行されている武者小路実篤の自伝的小説『或る男』からの一節である。この小説は実篤38歳の時に発表されているが、この年8月に「白樺」を廃刊（通巻百六十冊）、9月には〈関東大震災〉が発生、そして何よりも、妻房子と別れて日向の〈新しき村〉を離れ、飯河安子と結婚、長女新子が誕生するという、大きな転機、波瀾の時期に当たっている。

『或る男』は六百ページを超える大冊（私の手許にあるのは、ほるぷ出版による復刻版）だが、「自分のことをかくことは楽なようで楽ではない！」の書き出しに始まる長い〈序〉があり、「自分」についてのこだわりが綿綿と書き連ねられている。「俺の顔は美しくない。しかし自分は自分の顔を恥じない。俺の字は下手である。しかし自分は自分の字を恥じない。それのように自分は自分の心を恥じない……」。その〈序〉にはまた〈追加〉があり、その時点での実篤の近況報告、決意表明になっている。

一八八五年の誕生に始まる『或る男』は二百二十九章の掌編、詩編から成っているが、あるがままの「武者小路実篤」（ムシャノコウジサネアツは、のちに自らもムシャコウジサネアツと改めている）の遍歴、行状、精神を写し出している。幼年時代のことは家族や周辺の大人たちからの伝聞に基づいての記述だと思われるが、学習院初等科入学後は実篤自身の眼と耳によるリアルなルポルタージュとなっている（独白体の武者小路の文体には計算された作為が見うけられない）。

身体が弱く、運動オンチ、友達づきあいの嫌いな実篤にとって「学習院」という名の学校は〝牢獄〟に等しかったようだ。上級に一人と同級に一人、意地の悪い子どもがいて〝通せん棒〟をされたり、からかわれたり、おどかされたりして、「或時なぞは自殺して、幽霊になって、やっつけてやろうかと真面目に考えたこともあった……」。まるで、現代のイジメの構図につながる情景ではないか。「彼は学校の授業がすむとまっすぐ自分の家に帰った」。

学習院初等科時代
（中央が兄公共、左端が実篤／
調布市武者小路実篤記念館提供）

三つ違いの兄公共は学習院きっての秀

才でいつも一番だったが、初等科時代の実篤も五番から十番あたりに位置していたという。しかし、常に兄との比較で、その性格や不器用さも加わってコンプレックスのとりこであった。

次第に勉強嫌いになってゆくが、彼の特に嫌いな学科は〈体操〉〈図画〉〈作文〉〈習字〉〈唱歌〉だったという。〈体操〉と〈唱歌〉はうなずけるとして、他の学科については後年の作家・画家・書家としての武者小路実篤のアーチストとしての〝仕事〟からは考えられない少年期である。

ある時母は彼に、「お前は勉強さえすればお兄さんに負けないのだから、本当に勉強しておくれ」と言った。

その時彼は「勉強すれば出来るのはあたりまえです。しかし、勉強が出来ない質なのだから仕方ありません」と答えた。

『或る男』からの引用であるが、天衣無縫と評すべきか、屁理屈と取るべきか、実篤の性格を語るエピソードの一つである。母の言うことに素直に従う兄と、何かにつけて反抗する実篤。「彼はそう云うへんな頑固さを次男根性とよんでいる」。その彼は、「母に似て遠慮する時は、しなくていい程遠慮するが、がんばり出すと切りがなかった。それで子供の時から皆に馬鹿にされなかった」。

その実篤に、十一、二歳の頃、明治天皇の出仕（小間使、給仕であろうか）になるようにと内命が下る。祖母たちは大喜び、皇室崇拝の実篤自身、それをいやがりはしなかったと書き残しているが、出仕になると勉強ができないと、母が知人の宮内大臣を通じて辞退している。この一つをとっても公家社会に身を置く実篤の環境が窺えるのである。一年近くたって再びお目見得に上れとの内命を受ける。三条實美を重用していた明治天皇の三条一族への配慮からだったというが、この時実篤はくもりガラス越しに天皇に拝謁しているが選から洩れた。この時お目見得に選ばれたのが、のちに「白樺」の同志となる園池公致である。

二、姉の死と志賀直哉との友情——青年時代

姉の結婚と死

明治30年（一八九七）12歳になった武者小路実篤は学習院初等科を卒業、中等科に入学する。初等科時代からの同級生に木下利玄がいる、通称リゲン（歌人としての筆名でもある）というこの人物も「白樺」の創刊同人となるが、岡山県に生まれ叔父の死によって子爵家の養嗣子となって上京（木下家は木下藤吉郎を祖先にもつ）、のちに佐佐木信綱の門下となり歌人として大成する。その後〝反アララギ系〟の短歌雑誌「月光」を創刊、歌集に『銀』『紅玉』『一路』などがある。

中等科時代、実篤の周辺に起こった〝大事件〟の一つは姉伊嘉子の死である。幼年期の実篤に肉親としての愛を与えてくれた六歳年上のこの姉の、結婚の経緯については『或る男』にも詳述されている。

それは親類の人の世話で、理学士で、学校の先生をしている人で、別にとり柄のある人でも

有望な人でもなかったが、品行がよく、おとなしい人で、係累がなかった。母にはそれが第一に気に入った。

姉はのり気ではなかったが、どうしてか何時《いつ》のまにか話がきまった。姉は反対する理由がなかった。それから誰にも心をうちあけることが出来なかった。

（『或る男』）

実篤少年が認識していた結婚事情であるが、「姉は自分の器量に自信がなかった」という。その姉に、厳格だった母が押しつけた結婚であったようだ。そして「姉の婚礼の支度はあまり立派ではなかった」と実篤は付け加えている。式は〈紅葉館〉で挙げられたが結納から挙式までの〝嫁入り〟というセレモニーを、一つの神秘の世界であり〝お祭り〟に似ているととらえている少年の眼に、すでに作家としての萌芽が窺えるのである。

しかし、「姉の結婚は幸福とはゆかなかった」と実篤は書きつける。時おり姉を訪ねてゆくと、「姉はよろこんでくれた……しかし、姉が愉快そうにしていた記憶はない」。その姉は少女の頃から読書家で、貸本屋からいろいろな本を借りて来て読んでいた。実篤が七つ八つの時は母や姉に勇士や忠臣や善人や悪人の話をしてもらった。その姉と理学士でのちに学習院の先生にもなったというその夫とは、まるで性質の合わない夫婦だったという。

結婚後半年たつかたたないうちに姉伊嘉子は発病する。心配した母秋子は方々の医者に診せるが、結局は父と同じ病気（結核）でだんだんと瘠せ細っていった。当時姉夫婦は本郷西方町に一人の女中を置いて暮らしていたが、母と共に鎌倉に転地療養の甲斐もなく、明治32年12月に死がやってくる。伝染を恐れて姉の病室に入ることはできなかったが、実篤は便所の手洗いから五、六間離れた床の上の姉に、踊ったりおどけて見せて姉を笑わせた。「死の二、三日前の姉の痩せて寂しそうな顔を覚えている」。実篤14歳の冬である。

姉の死は、実篤にとって文学的動機の一つとなった。「白樺」発刊後、兄の長女芳子の死を題材に「芳子」を発表、その後嫂《あによめ》（兄公共の妻）の死に至る経緯を「死」の題で発表している（夏目漱石の推挙で朝日新聞に掲載された）。また武者小路作品の代表作である戯曲「その妹」には「この一篇を亡き姉に捧ぐ」の献辞が添えられている。この作品を実篤は泣きながら書き上げたと述懐しているが、いかに姉伊嘉子の〈死〉が、実篤の胸壁に深い痕跡を刻みつけたかが推測できようというものである。

お貞さんという人

もう一つの特筆すべき出来事は、実篤15歳の時の「お貞さん」との出会いである。

中等科三年のその頃、屋敷内の伯母のところに大阪から二人の姉妹がやって来る。商人の娘で女学校進学のための上京であったが、妹の方のお貞さんを一目見てすっかりのぼせてしまう。実篤の心の動きとその挙動は、小説『初恋』（大正３年）に実に細やかに、また切迫した心情として描かれている。まさに〝初恋〟の典型としての古風な明治の思春期がここにある。

「初恋」の原題は「第二の母」であったが、お貞さんが好意を覗《のぞ》かせる場面はあっても、実篤の〝片おもい〟であり、やがて、女学校を卒業した姉妹は大阪へと引き揚げてゆく。お貞さんは幸せな結婚をするが、その〝後日談〟的一編が、一幕物の台本構成で書かれている「或る日の夢」（大正元年）で、作品的にはこちらが先行している。

二十代中期のこの頃「白樺」の中心的作家として〝売り出し〟に成功した武者小路実篤は、『お目出たき人』（明治44年）『世間知らず』（明治45年）と文壇での認知度を高めてゆく。

志賀直哉との出会い

明治35年（一九〇二）実篤17歳、中等科六年に進級しているが、彼の人生にとって大きな出会いがあった。上級から二度落第した志賀直哉という生徒が同じ級に入って来たのである。その志賀とはじめて口をきくようになったきっかけは、一年下級の生徒たちとのクラスをあげての〝抗争〟であった。この時期はまだお貞さんへの「初恋」の時期にも重なっているが、多感な思春期まっ最中、〈学校〉と〈家庭〉に二つの切迫した問題をかかえていた実篤の行動は『或る男』の巻中でもドラマチックな場面が続く。

学習院の恒例行事であった〝修学旅行〟をめぐっての生徒間の画策が騒動の発端であった。中等科最高学年である実篤ら六年生を無視した上に同級生の一人が下級生から殴られるという、この小さな悶着はやがて学校全体で問題視される〝抗争〟に発展してゆく。それまでは常に傍観者であり目立つことの嫌いな生徒であった六年生武者小路実篤に「火中の栗を拾う」その役割が与えられたのである。その顚末は短編『小さな世界』（大正4年）に描かれている。この時実篤の参謀（相談役）となったのが志賀直哉であった。

明治36年（一九〇三）実篤は中等科を卒業、直哉らと共に学習院高等科へ入学。邦語部（弁論部）委員として共通の活動舞台ができてくる。この二人が企画した上田敏の講演は菊池大麓院長の意向で断る羽目になったが、この時面識を得た上田敏（訳詩集『海潮音』や評論『詩聖ダンテ』などで知られる）を通してメーテルリンクを知って興奮、トルストイの息苦しさから抜け出すことができたという。

この頃実篤は実に多くの書物を読み、「輔仁会」（学習院校友会誌）にも論文を発表している。高等科卒業前、志賀直哉と二人

明治39年、志賀直哉（左）とともに徒歩旅行へ

での徒歩旅行に出る（御殿場―山中湖、川口湖、本栖湖、精進湖―甲府―赤城山を巡る）。

僕が一番はじめに小説らしきものを書いたのは、いつか、十九か二十ぐらいかと思う。今ふうにいって、ある日、僕のかいた小説を志賀に見せた。志賀はほめてくれて、武者にできるなら僕にもできるだろうといって、小説をかいて僕に見せてくれたのを、僕がお礼でなしに賞めたことがある。

（『自分の歩いた道』〈はじめての小説〉）

実篤、直哉の〝処女小説〟がどのような出来映えであったのかは確かめる術もないが、のちに文豪〝小説の神様〟と目されるようになる作家志賀直哉に〈小説〉を仕掛けた張本人が実篤であったことはこのエピソードで証明されよう。その後もだんだんと〈文学〉に熱中していく二人であるが、「それらのことについて、未来の希望や不安を一番遠慮なくしゃべれたのは、やはり志賀だった」と、実篤はふり返っている（『自分の歩いた道』は昭和31年読売新聞社刊）。

「十四日会」の結成

明治39年（一九〇六）7月、高等科三年を卒業した実篤は9月新学期から東京帝国大学文科大学哲学科に入学する。志賀直哉は英文科、木下利玄は国文科とコースが分かれたが、毎週直哉と会

「十四日会」の面々（左より実篤、正親町公和、木下利玄、志賀直哉／調布市武者小路実篤記念館提供）

って語学の勉強に励んでいる。第一外国語が実篤はドイツ語、直哉は英語で、第二外国語がその逆だったので、お互いを先生として学んだという。そしてこの頃、実篤、直哉に正親町公和、木下利玄が加わって〝四人組〟による〈十四日会〉が結成される。

第一回〈十四日会〉は、明治40年4月14日に志賀直哉の部屋で開かれているが、この「十四日」へのこだわりは、それが彫刻家オーギュスト・ロダンの誕生日に当たるという理由による実篤のこだわりである（第一章でもふれたように、後年、日向に〈新しき村〉を求めて木城村石河内字城の地に決定した日も11月14日であった）。

〈十四日会〉では四人のメンバーがそれぞれに書いたものを持ち寄って合評するという方式がとられていたが、第二回は木下利玄宅、第三回は正親町公和宅と持ち回りで行われている。

この頃から雑誌創刊の話が持ちあがり、まず回覧雑誌「暴矢」（ボヤボヤするなのゴロ合わせであるが、のちに「望野」と改める）の発行に始まり、「白樺」の構想が立ち上がってきている。この文学活動の一方で、実篤は大学をやめる決心を兄公共に打ちあける。志賀直哉へ宛てた葉書が残されている。

もう公然と学校をやめることになった
昨日　兄に手紙を出したら今電報が来た
ヨロシ　フンレーセヨ　アニキ

なんとも潔い兄弟仲ではないか。志賀直哉も実篤の後を追うように最高学府東京帝国大学を去ってゆく。二人の前途にあるのは作家への〝一本道〟だ。

三、「白樺」創刊と〈大逆事件〉

『お目出たき人』

明治43年（一九一〇）2月、26歳の実篤は中編『お目出たき人』を脱稿（刊行は翌年2月）している。のちに「豊かな〝失恋能力〟の持ち主」と揶揄されたりもする武者小路実篤の面目躍如たる（？）初期作品の一編である。

忘れようとしても忘れられない「初恋」のお貞さんに続いて二人目、三人目の〝想い人〟が現れる。洋書専門の〈丸善〉で本を買って出て来た四つ角で出会った二人連れの女の一人「鶴」がその相手で、「女に餓えている自分はこゝに対象を得た」と確信する。それ以後「鶴」の姿を求めて、まさに「お目出たき人」を演じ続ける「自分（実篤）」なのである。

評論家の山本健吉は「武者小路実篤の女性観」（昭和30年「文芸臨時増刊号〈武者小路実篤読本〉」）の中で、「彼（実篤）は自分の恋を、ダンテのビヤトリスへの恋に比較しているが、それがある類似を持っていることは確かである」と書いている。少年の頃にビアトリスを見染めたダンテが、その

『お目出たき人』
（明治44年刊）の表紙

思いを打ち明けることもなく、遠くへ去ったビアトリスの死を聞く。永遠の〈愛〉を胸に抱き続けるダンテの思いは理想化され〈聖母〉への信仰につながってゆく。『お目出たき人』の「自分」もまた、「鶴」への思いを告白することなく、まともな会話さえ交わせない純情ぶりである。それでいて「鶴を恋し得る資格のある人は自分一人でありたい」と「自分」を鼓舞し続け、

「思い切れ　思い切れ
今となっては彼女のことを思い切らざるは
余りに女々し
多くの男に恋さるゝ女
汝のことのみ思うはずなく」

などと、弱気な新体詩を書いたりする、その題も「目出度し」。
友人川路氏を介して、鶴の両親にかけあってもらう実篤の目論見ははずれ、鶴は金持ちの長男で工学士の男と結婚する。「初恋」の場合と同様に実篤は「二人」（「荒野」に収録）という短編を書いている。未練たらたらと。

「白樺」創刊

この同じ年の明治43年4月、ようやく懸案であった「白樺」（この誌名は〈十四日会〉ですでに決まっていた）創刊号が出来上がる。アニメ風な線画で構成された表紙装画は同人児島喜久雄によるものである。児島は東京生まれ、一高から東京帝大哲学科美学専攻に進み、バーナード・リーチからエッチングを習っている。後年、東大教授から国立博物館評議員になる。この創刊号に実篤は夏目漱石の「『それから』に就いて」を発表し、漱石からの葉書に大喜びしている。それが縁となり朝日新聞への執筆を依頼されている。

「白樺」創刊号（明治43年）の表紙

学習院出身者を中心として集まった〝白樺派〟は上流階級の子弟のいわゆる〝高等遊民〟の趣味として受けとられ「シラカバ」を逆から読んで「バカラシ」などと悪口雑言の対象にもなったようだが、実篤は「十年後を見よ」という気概でこの雑誌に全力投球していく。事実〝白樺派〟の中からは志賀直哉を筆頭に日本文壇史に名を残す作家たちが輩出する。実篤自身、〈文学〉との〝二刀流〟で〈美術〉にも独自の画才とオルガナイザーぶりを示していったが、志賀直哉、有島生馬、里見弴にも「自画像」があり、創刊同人の一人であった柳宗悦は東京帝大で哲学（心理学専攻）を学んだのち日本における民芸美術研究の〝草分け〟となり、バーナード・リーチや浜田庄司、河井寛次郎らと共に名を残している。

明治44年（一九一一）5月、実篤は札幌に再び有島武郎を訪ねているが、有島生馬、里見弴の実兄にあたるこの有島を実篤は尊敬していた。札幌農学校農業経済科を卒業後、明治36年（一九〇三）にアメリカに留学、ホイットマンらの作品に触れ、生馬と共にヨーロッパを歴訪、四年後に帰国した有島は北海道狩太の〈有島農園〉を開放する。「白樺」創刊に参加するが、『或る女』『生まれ出る悩み』などの代表作を生みながら、大正12年（一九二三）軽井沢で波多野秋子と心中する。実篤にとっては信頼すべき年長の作家の〝痛恨事〟であった。

「白樺」はその後いくつかの衛星誌を生み順調に発行され、長與善郎や千家元磨らが加わる。また、当時文壇主流であった「自然主義文学」へのアンチテーゼの一翼を担い、森鷗外らの「スバル」、永井荷風を主幹とする「三田文学」、谷崎潤一郎らの「新思潮」からの誘いかけもあったが、あくまで自由な個性主義にこだわる実篤らは〝反自然主義〟には組しなかったようである。

〝白樺派〟の特長は〈美術〉や〈演劇〉を包み込むオールラウンドの磁場をもっていたことで、〈白樺美術館〉の設立を提唱し、〈白樺演劇社〉を設立している。〈大調和展〉なども開催している。

「白樺」と〝白樺派〟の人々の出現は、明治の末から大正にかけての日本の社会史の中でも、大きな出来事として位置づけられている。昭和41年、中央公論社刊行の『日本の歴史』23巻〈大正デモクラシー〉では、「白樺派の周辺」の一項が立てられ、「寺内内閣とシベリア出兵」「民本主義と米騒動」などのテーマと同列において、その時代の演劇事情として坪内逍遥の率《ひき》いる文芸協会の活動や島村抱月、松井須磨子の〝恋愛事件〟青踏社の〝新しい女〟平塚雷鳥などの活動を合わせて「〝白樺派〟の人びと」にかなりのページ数をさいている。

大逆事件と文学者たち

幸徳秋水らによる、いわゆる「大逆事件」がおきたのは明治43年（一九一〇）、まさに「白樺」創刊のその年に当たる。武者小路実篤は25歳、その二年前には荒畑寒村、山川均、大杉栄らによる「赤旗事件」が起こっているが、弾圧にさらされていた社会主義者、無政府主義者たちはアメリカから帰国した幸徳秋水を新しいヒーローに祭り上げる。以前から「共産党宣言」の翻訳を紹介していた幸徳は、当然憲兵によって見張られていたに違いない。この年6月、幸徳や同志の管野スガらが秘密裡に一斉逮捕、翌年1月には天皇（睦仁）暗殺未遂の「大逆」の罪名で幸徳、管野ら十二人が即刻死刑となっている。

その時代「大逆罪」は大審院（現在の最高裁）だけの一審制であり〝非公開裁判〟。宮嶋次郎、花井卓蔵らが弁護にあたっているが、たった半年の裁判で審議が尽くされたかは疑わしい（その後の研究では、幸徳は首謀者でなかったばかりでなく、途中からは謀議からも遠ざかっていた……という説もある）。

この事件は当時の文壇にも波紋を呼びおこし、徳富蘆花は幸徳らの死刑取りやめを願って「謀叛論」を書き、大衆の前に立って「弔の演説」をしたという。

「大逆事件」にショックを受けた一人に、当時上京して朝日新聞の校正係をしていた石川啄木がいる（啄木は実篤と同年の明治18年に生まれている）。その啄木は、「大逆事件」の判決のあった日の日記に次のような叫びを残している。「今日程予の頭の昂奮していた日はなかった。二時半過ぎ頃でもあっただろうか、二人だけ生きる。二人だけ生きる」「あとは皆死刑だ」「ああ二十四人！」「そういう声が耳に入った。予はそのまま何も考えなかった。日本はダメだ……」

その数カ月後に、彼は次の一編を書いている。

われは知る、テロリストの
かなしき心を――
言葉とおこなひとを分かちがたき
ただひとつの心を、
奪われた言葉のかはりに
おこなひをもて語らんとする心を
われとわがからだを敵に擲《な》げつくる心を

しかして　それは真面目にして熱心なる人の常に有りつかなしみなり。

はてしなき議論の後の
冷めたるココアのひと匙を啜《すす》りて
そのうすにがき舌触りに、
われは知る、テロリストの
かなしき、かなしき心を。

（「ココアのひと匙」〈『呼子と口笛』〉）

この頃、啄木は日の目を見ることのなかった「時代閉塞の現況」という大論文を書いていたという。

日露戦争（一九〇四―五）のその時代ようやく20歳の成人に達していた武者小路実篤は「万朝報」という新聞を通して内村鑑三、幸徳秋水、堺枯川（利彦）らの、〝反戦〟の論説を読んでいる。「若かった自分はこの三人の文章に感心して、抜き書きしていたことを覚えている」（『自分の歩いた道』）。枯川より秋水の方を多く抜き書きしていたという。また、秋水、枯川らの「平民新聞」の愛読者でもあった。無産階級に関心を寄せる実篤にとって〈大逆事件〉は大きなショックであったに違いない。この事件に想を得て書き下ろされた戯曲が「桃色の室」であった。

時代の逆風の中で孤立を深めてゆく社会主義陣営の人々の中には〝白樺派〟の結社としての理念やその自由な活動方式にシンパシーを抱く者もいた。アナーキスト大杉栄は、フランス革命の時の貴族たちに「階級的精神が滅ぼされていた……」例を引きながら、「白樺はこの貴族の血を受ける、そして一面においてまた祖先からの貴族的悪弊に反抗すると同時に、他面において成り上がりのブルジョアジィに反抗する若い貴族たちから成る。僕らは白樺を見るたびに、いつもトルストイやクロポトキンを想う」と、好意的に「白樺」の出現を受け止めている。その大杉栄は〈関東大震災〉（一九二三）のドサクサの中で東京憲兵隊の甘粕大尉らによって妻の伊藤野枝、長女魔子、甥の橘宗一と共に惨殺されている。

四、〈パンの会〉と「白樺」——明治後期の文学動向

明治文学と実篤

このあたりで、明治期から大正期にかけての日本文学の動向と〝文壇事情〟について筆を進めたいと思う。「白樺」創刊（一九一〇）前後に日本文壇で活躍していた作家の名を挙げてゆくと、明治19年（一八八六）の「言文一致運動」のあとをうけて、明治20年に二葉亭四迷の『浮雲』、山田美妙の『武蔵野』、明治22年に森鷗外の『於母影』（鷗外はこの年「しがらみ草紙」を創刊）、広津柳浪の『残菊』、明治24年に幸田露伴の『五重塔』、明治26年には北村透谷、島崎藤村らの「文学界」の創刊。この間、第一回帝国議会が開会（明治23年）、ロシア皇太子を刺傷させる〈大津事件〉が起こっている。

明治27年には高山樗牛の『滝口入道』、明治28年に樋口一葉『たけくらべ』『にごりえ』、泉鏡花『夜行巡査』『外科室』、明治29年に尾崎紅葉の『多情多恨』（翌年には『金色夜叉』）、明治30年には正岡子規らによる「ホトトギス」の創刊、明治31年に国木田独歩の『武蔵野』、徳富蘆花の『不

如帰』、明治32年には「中央公論」「国文学」が創刊、明治33年に泉鏡花の『高野聖』、与謝野鉄幹らによる「明星」の創刊（翌年には与謝野晶子の『みだれ髪』刊行）、明治36年には伊藤左千夫、長塚節らによる「馬酔木」の創刊。

枚挙にいとまないほどの文学活動、雑誌活動が続いていくが、まさに近現代日本文学史のあけぼのの時代であり、文学全集として残る作家たちの旺盛な意欲を示している。だが、明治37年（一九〇四）2月に日露戦争の「宣戦布告」があり、世をあげて戦時色に変わってゆく。

〝戦争劇〟〝戦争ごっこ〟がはやり、提灯行列と万歳三唱の波が日本列島に広がってゆくのである。この時期「明星」に発表されたのが「君死にたまふこと勿れ」である。

明治38年の1月から翌年にかけて夏目漱石の『我輩は猫である』が「ホトトギス」に連載され話題となった。上田敏訳による『海潮音』が本郷書院より刊行された。この年9月「ポーツマス条約」が調印され、日比谷では講和反対の国民集会が暴動に発展（日比谷焼き討ち事件）して「戒厳令」が発令された。また、戦争終結に伴う失業者の増大、戦争未亡人の出現による不穏な世相でもあった。日露戦争による戦死者は十万六千人余、負傷者四十万人余といわれている。

明治18年（一八八五）生まれの武者小路実篤は、明治三十年代を学習院中等科―高等科の生徒として過ごしているが、読書好きの姉伊嘉子の影響もあって無類の読書家として成長してゆく。特に〈文学〉への関心が深まり、志賀直哉との交友が始まった18・19歳の頃からは、その志賀の影響も受けつつ「明治文学」への傾倒を深めてゆくのである。「僕は志賀から紅葉の『多情多恨』や鏡花の『湯島詣』を借りて読んだことを覚えている。僕の方から借りたかったのではなく、志賀の方から読ましたがって貸されたという方が本当だった」(『自分の歩いた道』)。

「文学の仕事をはじめたころ」の題で書かれている〝読書遍歴〟を見てゆくと、当時「自然主義文学」全盛をうけて、島崎藤村、田山花袋、岩野泡鳴、徳田秋声、正宗白鳥、近松秋江といった作家たちの作品に実篤は触れてゆくが、中でも藤村に関心を持ち同級の正親町公和との会話の中で土井晩翠の「天地友情」を話題にした実篤に「藤村の詩の方が晩翠とは比較にならないほど上だよ」と正親町がけいべつしたように言った、と書いている。

それ以来藤村に関心を持つようになったが、出版される前から評判の高かったという『破戒』が出版されると「あの緑色のやわらかい本をむさぼり読んで感動したが、しかし、外国のもの、特にトルストイのものやドストエフスキーのものを愛読していた僕には、最上級の感心はしなかった。僕たち仲間では志賀が一番ほめなかったことを覚えている……」と、実篤や志賀の批評眼もなかなかのもの。花袋の「インキツボ」に腹を立てたりする実篤であるが、国木田独歩を一番愛読し、「独歩のものを読むと自分でも小説が書けるような気がする……」と告白している。『荒野』出版の時、独歩に贈本し、大病中の独歩から二、三行のハガキを貰い大喜びしている(独歩はその二、三週間後に死んだ)。

他の作家では高山樗牛を愛読し「彼の文章は実に痛快であった」と書き、その評論の冴えを高く評価している。また「聖書の研究」を毎号買ってその巻頭にあった内村鑑三の文章に感動して、志賀直哉と共に内村邸を訪ねている。その後二度ほど内村の講演を聴き「今まで内村さん以上の講演を聞いたことがないほど感心した」と賞めあげている。そのあとに夏目漱石の演説も内村さんに負けないくらい感心したとつけ加えている。漱石の意外な一面を見た思いがある。

「パンの会」(木村荘八)
(野田宇太郎著『日本耽美派の誕生』口絵より)

「パンの会」のこと

明治時代の代表的な画家の一人である木村荘八の描いた一枚の絵がある。「パンの会」と題された油絵(号数不明)だが、一つの歴史を証明する興味深い画材となっている。ある場所でのある情景が描かれているこの絵は野田宇太郎著『日本耽美派の誕生』(昭和26年/河出書房刊)の口絵になっている。その解説によると、画中に描かれている人物は「先ず右の端から木下杢太郎、伊上凡骨(床にぶったふれている）、木村荘太（その次に大きく木村荘八）、谷崎潤一郎、（中略）、吉井勇、立ってスピーチしている小山内薫、長田秀雄、高村光太郎、（中略）、遠景の中に赤いトルコ帽を冠る田中松太郎、山高帽のフリッツ・ルムプ……」とされているが、画面は暗く表情は定かではない。

〈文学史〉に名をとどめている文学者に外人（ドイツ人）を交えた不思議な顔ぶれ、場所は東京墨田の隅田川べり。「パンの会」とは食パンのことではない。ギリシャ神話の「半獣神（ＰＡＮ）」からとられた。当時としては珍しい（奇妙な）サロン的な芸術運動体であった。「パンの会」はエキゾチシズムと江戸情調（情緒ではない）を混合させた、同時に文学・美術・音楽を一つの器に盛り込んだユニークな集団として、明治41年（一九〇八）の暮れから45年の早春まで続けられている。

この「パンの会」の中心となっていたのは北原白秋、太田正雄（木下杢太郎）、長田秀雄、吉井勇ら新詩社に拠った若手の詩人、歌人たちであった。「パンの会」出発〝前夜〟のドラマとして、「五足の靴」で知られている明治40年夏の与謝野寛（鉄幹）、平野萬里、北原白秋、木下杢太郎による九州旅行があった。勿論「明星」の主将に率いられての〝修学旅行〟にも似た青年詩人たちの「南蛮文学」を尋ねての旅でもあった。この旅の成果は白秋の『邪宗門』や杢太郎の『黒船』などに現れている（「五足の靴」については書き足りないが、ここでは触れないことにする。実篤と白秋は同じ明治18年の生まれであることだけを指摘しておく）。

この同時代、武者小路実篤は志賀直哉らとの〈十四日会〉を立ち上げている。「パンの会」の活動が実篤らと無縁であったとは考えられない。のちに〈新しき村〉の創設にかかわり行動を共にしてゆく木村荘太は画家荘八の長兄であり、「白樺」の衛星雑誌と呼ばれる「エゴ」「ラ・テール」などの同人として千家元麿と共に活動する作家であった。また、木村荘八自身〝村外会員〟として〈新しき村〉を援助している。

明治43年11月20日、日本橋区（現中央区）小伝馬町の西洋料理店〈三州屋〉で開かれた〝会費二円〟の「パン大会」の出席者名簿の中に武者小路実篤の名前がある。高村光太郎、北原白秋、小山内薫、永井荷風、木下杢太郎らの連名で出された「パン大会御案内」の葉書が残されているが、この時〈三州屋〉に集まったのは高村光太郎らの「スバル」を中心に、永井荷風らの「三田文学」、東京帝大系の「新思潮」、それに「白樺」を加えた四十名を超える文学者たちで〈三州屋〉は超満員となり、さながら〝パンの家〟と化したという。この会は〝日本文芸史〟に残る会合であり、美術関係者も多く加わっているが、実篤の言動についての記録は見つからない。

野田宇太郎著『日本耽美派の誕生』

私はこの一項を、野田宇太郎著『日本耽美派の誕生』を参考にしながら書き進めているが、昭和26年に河出書房から発行されているこの本は、当時としては美装・ハードカバー、三百ページ（定価四百円）の豪華本で、私はこの一冊を神田の山田書店で求めている（拙い字で昭和30年5月5

日の書き込みがある）。当時、本郷湯島の研修所で学んでいた私（21歳）はこの頃「文学散歩」の方式を生み出した文学界のコーディネーター野田宇太郎の企画で、三浦半島、城ヶ島に同行している。多分その影響下で入手した歴史的な本である。

この『日本耽美派の誕生』の巻末には「幸徳事件と石川啄木とパンの会」の一項がある。その啄木も一度だけ「パンの会」に出会している。明治42年（一九〇九）2月27日両国の〈第一やまと〉で開かれた会合で、木下杢太郎、石井柏亭、山本鼎（白秋の義弟、画家）と啄木四人の淋しいものだったという（その前年に上京している啄木は貧乏のどん底にあり、二円の会費は大金であった）。ついでになるのだが、若山牧水もまた一度だけこの会に出会しているという。

当時、朝日新聞で校正の仕事をしていた啄木は、幸徳秋水が弁護人に送った陳情書などを目にしていたという。「大逆事件」への関心は人一倍のもので、判決が下ったその日「日本はダメだ……」と叫んでいる、その作品的影響については別項で述べたが、啄木は弁護団の一人で「明星」の歌人でもあった平出修に幸徳の陳情書を借りて来て、毎晩それを写している（啄木の日記）。しかし、一部で言われている〝社会主義詩人〟という見方については「日記を見ても文学と女のこと以外には何も触れていない……」と野田宇太郎の評価は厳しい。一方では「明星」に主力を注ぎ込んでいる啄木である。

「パンの会」はその啄木を含めて身分や思想、信条を超えた大きな〝皮袋〟であった。「パンの

野田宇太郎著『続九州文学散歩』に登場する房子

会」研究の第一人者であった野田宇太郎は「パンの会」の詩歌集に触れ、また〝自然主義派〟の「龍土会」（柳田國男を中心に出発、その後徳田秋聲、川上眉山らが加わってゆく）と「パンの会」、あるいは、森鷗外邸〈観潮楼〉の歌会と「パンの会」にも筆を進めている。この歌会に参加していた歌人は伊藤左千夫、与謝野寛、佐佐木信綱、北原白秋、石川啄木、吉井勇らであった。

野田宇太郎の「文学散歩」の〝足跡〟は、東京を中心に各地に及んでいる。特に、出身地九州（野田は福岡県八女の生まれ）については父祖の地としての格別の愛着を持ち、ペンとカメラを持って隅々まで探訪を試みている。『九州文学散歩』『続九州文学散歩』の二冊を創元社から刊行しているが、その続編には「新しき村」の一章があり、バスの終点から営林署のトロッコで訪れた「山上孤島」（野田の表現）の村の様子がルポルタージュ風に綴られている。取材時（昭和28年）60歳の武者小路房子の写真があり、五十代はじめの壮年期にあった杉山正雄の日常が描写されている。

五、竹尾房子と実篤――「世間知らず」の背景

竹尾房子との出会い

作家武者小路実篤について語り、〈新しき村〉について触れる時、最も重要なキーワードとなってくるのが「竹尾房子」という一人の女性の存在である。実篤の女性観、あるいはその女性遍歴については、これまで多くの実証的な研究や著作が、作家、評論家たちによって生み出されてきているが、その〝底本〟となるものが、実篤自身による告白的作品『世間知らず』であることは言うまでもない。また、大正12年（一九二三）に刊行されている自伝小説『或る男』にも、房子との出会いから結婚に至るプライベートなプロセスが、実篤らしい率直さで衒《てら》いも粉飾もなく、淡々と描写されている。

彼が房子を知りあいになってから結婚する迄のことは、彼の「世間知らず」を読めば大体わかることである。たゞあすこには初め二人で手紙をよこしたのを一人でよこしたことにしてあ

る。

（『或る男』百四十五章）

初めて実篤を訪れて来た時の房子について、紅吉と一緒に来る予定だった房子が一人で来たこと、その時実篤の所には正親町と長女がおり、房子は彼の処に二時間いた……その房子をはじめて見たのは「白樺」の展覧会の時だった。

新婚時代の実篤と房子
（大正２年頃／調布市武者小路実篤記念館提供）

私の単調な室に貴女という小鳥が入って来て二時間余り囀っていったので今だに私の頭の調子が少し普段と変わっています。貴女は私と正反対の性質をもっています。内気で他人のことを気にする私はややもするといぢけます。その点貴女は私より遥かに進んでいます。

出会いの直後に実篤から房子宛に出された手紙の一節である。いかにも作家らしい（この時実篤26歳）内実のある手紙であり実篤の房子への関心が読みとれる。その後、彼等は毎日手紙でやりとりした。そして六月一日には二人で鵠沼に出かけた。そして彼等は安心して入り込む処まで入り込んだ。彼は別に罪を行ったようには思わなかった。二人は始めっからあまりによくお互に知りすぎていた。彼はただ子供の生れるのを恐れた。だがそれを恐れることを一面恥じた。

彼等はもう何年前から知っている人間のようであった。お互いに疑いもせず安心していた……。〈中略〉

彼は房子を最初知った時から、この女は自分が信じれば信じた通りになるだろう。自分が疑ったら疑った通りになるだろう。そう思った。（同前）

いかにも暗示的な「房子観」ではないか。「なるようになれ、其処からとれるものはとる」。したたかな実篤の〝人生哲学〟である。こうして実篤、房子の人間関係が始まっている。

房子という女《ひと》

当時、平塚雷鳥の「青鞜」に出入りしていた（トラブルメーカーとして記憶されている）竹尾房子は、その時代の〝飛んでる女〟の一人であり、才女であった。〈新しき村〉に入ったのちの大正9年（一九二〇）に、房子は自分の生い立ちの〝暗部〟を「砕かれたる小さき魂」の表題で小説体の手記（40枚）として雑誌「改造」に発表している。また、その同じ年、実篤とは別居状態で鎌倉にいたが、杉山正雄と房子は詩集『星』を上梓している。この詩集にも「小さき魂の発生」と題する二百行を超える自伝的な長詩が収録されている。

気まゝ
バラの花に
トゲをおつくりになった方が
私には
わがまゝを下さったのだ

竹尾房子の生い立ちを辿ってみよう。のちに華族「武者小路」の名に強い執着を示すようになる房子は、明治25年（一八九二）3月10日岐阜との県境に近い福井県大野町（現大野市）で生を享けている。房子の生まれる二十年前、この地方では「廃仏毀釈」をめぐる一揆が起こっているが、「越前」と呼ばれるこの地方は浄土真宗の開祖親鸞ゆかりの地であり、宗教弾圧に抗して刑死した竹尾五衛門の家名を継いだ竹尾茂の妾腹の子として生まれている。

もともと豪農であった竹尾家に養子として入った父茂は、かなりのやり手だったようである。

福井県会議員となり、やがて国会へ進出、地元の名士としてハバをきかせ、宮大工に作らせたという清滝川畔の本宅は豪荘を極めたといわれる。房子の母は貧農の生まれ、福井市内の料亭の女将に出世した長姉のもとで働くうちに房子を産んだ。本妻との間に子どもに恵まれなかった父茂は房子を溺愛したが、幼年期の生活環境はかなりこみいっている。人から、恐いものはと問われて「毛虫と母ちゃん」と答えたエピソードから察するに、母との折りあいは最悪で、このような母娘の結びつき、複雑な人間関係が房子の性格形成に反映しているのではないか。

この生い立ちの中で、房子の姓は度々変わってゆくが、その後の学歴も一筋ではない。地元の福井高女三年生の時から東京に出ていくが、日本女子大付属高女三年で退学したという記録がある。房子17歳である。この時、恋人と共に上京したという噂もある。房子自身は上京の理由を音楽学校に入りたかったから、とも語っている。奔放な〝恋多き女〟の本領はこのあたりから発揮されている。実篤の『世間知らず』では、

私は十八の春、父の生家へゆくのをきらって家出をしましてから、丁度三度かえっては又出又出しました。その度に大さわぎをさせました。とうとう去年は父もあいそをつかして籍をとってしまいました。

（『世間知らず』）

竹尾家の養子となった父の生家真柄家の従兄との結婚を嫌って故郷を飛び出した事情である。しかし、武者小路研究家の大津山国夫の論文によると、房子は福井中学校の生徒であった宮城千之と初恋に落ち二人で上京……「青踏」に出入りしていた頃の新年会の名簿には「宮城房」の名が記録されていることから、宮城姓を名乗った時期もあるようである。

「青踏」の主宰者雷鳥は『元始、女性は太陽であった』で、房子について触れている。

その日会場にやって来た宮城さんは、男の連れといっしょでした。当時雑誌荒しということで名の知れた投書家で、不良青年といった感じの人でした。宮城さんは桃割れか何かの日本髪に厚化粧をして、柔らかい着物を思いきり、抜きえもんにぞろりと着て気取っていますが、垢抜けしない田舎娘で一見雛妓といった印象でした。

（『元始、女性は太陽であった』）

容赦ない雷鳥の眼である。この時、房子と同伴していた〝不良青年〟風な男の正体は、「藤井夏」の女名前で「青踏」に入会し、その後悶着を起こして房子の〝悪名〟を補強した男とされている。この時代の房子の周辺には胡散臭い何人かの〝男友達〟がいたようである。その数年後の武者小路実篤との出会いである。雷鳥の文章を続ける。

自分の名を呼ぶのに『ちゃーちゃん』といってほしいとか『吉田御殿が私の理想だ』などといって、並居る社員のみんなを煙に巻いたりしました。小柄な、見るからに柔かな撫で肩のからだのなかに、どこか不健康な頽廃の匂いを包んでいる人でしたが、それから一年もたたぬ十一月には、もう武者小路夫人になっていたのにはおどろき、男のひとというものについても考えさせられました。それっきり宮城さんは『青踏』へは来なくなりました。（同前）

流石、『元始、女性は太陽であった』の雷鳥の指摘は厳しい。ここでは〝男実篤〟の軽重も問われている。『お目出たき人』の初恋の人お貞さん、丸善からの帰路に出会った鶴、実篤の純情一途の〝片思い〟の女性渇仰の胸の中に飛び込んで来た、あまりにも毛色の変わったふてぶてしい〝小鳥〟C子に奔弄される〈世間知らず〉の〝貴公子〟実篤、まさに運命のいたずらであり、ミスマッチとも言えるが実篤は日毎に房子にのめり込んでゆく。

母と子と房子と

しかし、実篤の母秋子は、最初からこの〝火遊び〟にも似た実篤と房子の怪し気な交際に不安と不満を抱いていた。そのあたりの母と息子の不和の情景を実篤は『或る男』（百四十六章）にリアルな会話体で綴っている。二人の間に毎日のように往復している〝恋文〟のことを知った母は、怒りにふるえて実篤につめ寄ってくる。

「お前の所へしょっちゅう手紙をよこす女は、この前来た変な女だと云うじゃないか」

「そうです」

「よりによってなぜあんな女と関係したのです」

「気に入ったからです」

「お前も悪口を云っていたじゃないか。お友達の方も展覧会の時、見て笑っていらっしたと云うじゃないか」

「悪口は云っていました。しかし気には入っていたのです。勿論、あの時は結婚する気はなかったのです」

「それはお前がもらいたければもらうのもいゝだろう。しかし、もう少しましな女がありそうなものじゃないか」

「あれでも家はいゝのですよ」

「いくら家がよくったって、あれじゃ仕方がないじゃないか。私はいゝとしても世間で笑いますよ」

（『或る男』）

このあと、実篤は、「お母さんがあの女がいやならいやと云って下さい」と開きなおり、「世間の人がなんと云ったっていゝじゃありませんか」「そんなことを一々気にしていたら切りがありません」と、母を突っ撥ねる強気な実篤である。

「お前がそんなにあの女にまいっていて、貰いたいならもらうといゝだろう。どうせお前のことだから私の云うことなんか聞くわけもない。しかし、きっとあとで後悔するよ。お前の不在に男でもつくってごらん」

「大丈夫ですよ」

「どうだかわかるものかね、お前が一番ひどい目にあうのだからね」

「だから僕に任せてくれゝばいゝでしょ、何しろ二十八なのですからね」（同前）

ここで実篤親子のバトルは一句切りついているが、その後母秋子は二人の関係を了承するものの、実篤の心の内にも痛みが残る。「母は云うだけのことを云って帰って行った。神経痛は可なりひどく痛むらしかった。自分は母の後姿を見て涙ぐんだ」と書き加えている。

その後、新聞ダネになるような小さなスキャンダルもあったが、実篤と房子の関係は友人間における〝公知の事実〟となり、志賀直哉、正親町公和、長與善郎らの友情応援もあって、大正2

年（一九一三）2月結婚へと漕ぎつけている。実篤、房子の結婚生活が「順風満帆」とはいかなかったことは、母秋子の〝予言〟が証明している。

武者小路房子については、実篤の眼からとらえられた『或る男』の側からの記述と合わせて、房子を伝記小説の俎上《そじょう》に載せて、克明にその生涯と人間像を追った作品、阪田寛夫の『武者小路房子の場合』（一九九一年／新潮社刊）がある。

第三章
〈新しき村〉の建設
——〝ゴタゴタ〟をかかえて

8年目の「新しき村」(大正14年)

一、〈村〉の財政と村人たち

実篤の収入に支えられた〈村〉の財政

〈新しき村〉の建設は、年々活発になってゆく。この分野の研究にかけては第一人者である大津山國男の『武者小路実篤　新しき村の生誕』（武蔵野書房）には、大正7年（一九一八）の新しき村創始期の経費が克明に記録されている。それによると主な収入としては、

①武者小路の文筆収入と講演収入
②武者小路以外の村の会員の入村のさいの拠出
③村外会員の会費と寄付および会員以外の後援者からの寄付

この三種によって維持されており、この時点では村の農産物は村内の需要にもほど遠く、現金収入など望めなかった。

このうち②の入村のさいの拠出については、長野県にあった土地・家財のすべてを処分して〝入村〟した中村亮平の二千円を例外として、多い人でも五十円から百円、中には体ひとつの

〝入村〟もあった。入村者の中には素性の知れない〝放浪癖〟のある人間もおり、最初の村人の一人伊藤栄などは、離村、入村を繰り返し四回目には入村を断られている。実篤の理想と善意に応えるには不相応なグータラな人間たちもいたのである。

〈新しき村〉の最初の会計担当者は、東京・神田で親ゆずりの質屋を営んでいた長島豊太郎（村外会員で与謝野寛門下の歌人）で経理にも明るく、創設時の〈村〉の収支を銭単位で記帳している。それによると初年度（大正7年）の収支は、

収入　一四三七円二三銭　会費と寄付金総額
支払　一三四一円六一銭

となり、その支出項目の中には、

土地代金の一部　一〇〇〇円
先発隊旅費補助　五九円
自動車一輌　六〇円
馬匹飼育法二冊　一円八〇銭
足袋二〇足　三円八〇銭

などの、興味深い項目がある。

この収支表を一瞥するだけでも〈新しき村〉に賭けた実篤の苦闘ぶりが窺えるのだが、実篤は

〝第三年目〟の大正9年（一九二〇）の「新しき村」2月号に次の文章を発表している。

村の経済は左の方針で暫くやって見るつもりです。

収支見つもり、四百円、内二百円寄付、あと私の責任収入。寄付が平均二百円以上の時はそれを貯金して三、四カ月目に、衣と住の改善、および土地を買うこと、その他の生活をよくするためにつかう。寄付がそれ以下の時は私の責任をもっておぎなうこと。

私の責任収入の半分は私の大正日々からもらう月給で、その他は原稿料と印税、それらが二百円をこす時、その半分を村のものにし、一割を皆の小遣いにまわし、あと四割を私の自由にしてもらうことにしました。私はそれで本やエを買いたく思っています。その他にも村の役に立つことに使いたく思いますが、十年後にそれで私らしい小さい図書館兼美術館を建てるのを道楽にしたく思っています。それを楽しみにさしてほしく思います。（「新しき村」大正9年2月号）

大津山国夫による大正7年から11年までの〈村〉の収入（会員寄付）は次のとおり。

大正7年　四〇二七円六四銭
8年　一万一六八三円二一銭
9年　一万二〇一六円〇一銭

10年　　九一四〇円七〇銭
11年　一万二七二三円七一銭
　計　四万九五九一円二七銭

この総額の内、二万三三七五円二銭が実篤の関係の収入であるとされている。実篤は文字どおり村の〝大黒柱〟であった。

創作の充実と第二の村の建設

三年目に入った大正9年（一九二〇）1月27日、村の中心的な家屋であった母屋の火事で全焼、母屋に住んでいた人々は実篤の家や他の兄弟たちの家に分宿。2月には、実篤の家（12坪）が建ち、続いて集会所を兼ねた食堂や納屋（18坪）、実篤の離れ（4坪）が出来る。それに続いて、松本長十郎、今田謹吾、石川秀太郎ら家族連れの一戸建の家が出来、合宿所や風呂場も整備されて、石河内に仮住まいをしていた〝村人〟全員が城へと移り、石河内で買った家は来客や入村希望者用に使われるようになる。

さらにこの年には、下の城に八畝の開田がなされ、渡舟が更新され小型の発動機が入っている。収穫物としては八畝の田からはじめて米が獲れ、西瓜、とうもろこし、野菜が出来、一反七畝の開田が行われている。

村にある書斎の実篤

この時期はまた、作家武者小路実篤（三十代中期）の活動期でもあった。たった四坪の離れから『第二の母』（後に『初恋』に改題）『幸福者』『友情』『耶蘇』『土地』などの代表作が次々に発表されていった。勿論、その印税は〈新しき村〉につぎ込まれたが、その創作活動の傍ら、実篤は友人、知人に資金援助の依頼の手紙を書きつづけ、内藤其土（六百円）、志賀留女子（二百円）、白樺社（百八十円）、茶谷半次郎（六百円）、金子茂里（四百円）などの大口寄付を集めている。内藤は京都支部、茶谷は大阪支部、金子は神戸支部の各中心メンバーである。

大正9年4月、川南村萱根に〈第二の村〉が生まれる（山本弥太買入提供、五町五反余）。〈第一の村〉から次の六人が移住する。弓野征矢太、妻千枝子、日守新一、福永友治、小田信人、荒牧秋夫。実篤は「村」の第六号に「新しき村にも第一という言葉をつける必要が出来た。このことはうれしい。第二の村は山一つ越えた処にある。遠く海を見はらして美しい。児湯郡川南村萱根《けね》という処だ〈中略〉高城の宿屋の主人の深水桑一氏が其処に時々来て世話をやいたり、畑を耕したりしている」と、その喜びを書いている。

この時点（大正9年5月現在）で〈新しき村〉の住人は〝客分〟三人を入れて三十九人、創立以来最も多い人数となっている。〈第一の村〉の三十三人は次のとおり。
武者小路実篤、房子、川島伝吉、なほ子、かほる、光子、辻克己、糸子、松本長十郎、春子、正也、今田謹吾、貞子、中村亮平、操、美以也、道子、泰子、治平、萩原中、横井国三郎、松本和郎、河村昇、児島学、小村判治、上田慶之助、京極義人、村木誠次郎、和田巌、加藤勘助、松本徳次郎、スミ、キクエ（客分）
その後、前後して、〃村内会員〃（あるいは客分）として名を留めている人々の中には、金子洋文（作家）、河田汎徳（翻訳家）、佐郷屋岩雄（弟留雄は昭和5年〈一九三〇〉11月に東京駅で浜口雄幸首相を狙撃、死刑判決を受ける）、小國英夫（脚本家。黒澤明監督作品の『生きる』『七人の侍』がある）、式場隆三郎（精神科医。放浪の天才画家山下清の保護者として有名）、平林英子（作家。夫は中谷孝雄）、氷見七郎（詩人）などのユニークな人々がいる。

周作人の来村と村の活動の広がり

この頃の〈村〉のトピックの一つに、中国（当時は支那と呼ばれていた）の作家魯迅の実弟周作人が来村している。周作人はその後〈新しき村〉の北京支部を名乗り、中国の雑誌「新青年」に〈村〉や実篤作品が紹介されている。葉紹鈞なども〃村外会員〃となり、実篤の〃村づくり〃に理解と親愛を寄せている。その周作人に寄せた実篤の追悼的一文がある。

周作人兄が死んだ事を周作人のお弟子さんから知らせて来た。知らせて来た人も実に周作人を愛敬していて、大変悲しんでいた。僕も周作人を愛敬している。新しき村の兄弟の一人として実に立派な人だったと僕は思っている。〈略〉僕が周作人を初めて知ったのは、白樺のロダン号の残本が僕の処にまだ何部か残っているから欲しい人にわけるとかいたら、北京から注文があり驚き喜んだ。それが周作人だった。〈略〉実に感じのいい人で、大人という感じを受けた。実に正直な平和な上品な人の感じを受けた。〈略〉一番忘れないのは周作人の日本人には一寸お目にかかれない大国人の落ちつきだった。そして平和な正直な人情だった。僕は一目でこの人は実にいい人だと思った。（「新しき村」）

いかにも実篤らしいあけっぴろげな表現で「いい人」が連発されているが、一九六七年（昭和42）に書かれている「周作人兄」（「新しき村」二〇一七年二月号再録）は、一九一九年（大正8）の〈村〉での出会いののち「支那事変」「大東亜戦争」を経て、毛沢東による中国共産党政権へと移行した中国での作家周作人の困難な歩みに思いを寄せ、「今、中国では周作人の評判はあまりよくないかと思うが、後日周作人の人間としての、又文学者の価値は正常に評価される時があると思っている」とこの兄弟の復権を期待し、「本当にいい人だった。僕達はそれも知っている」と結んでいる。

神から祝福される資格のない〈村〉、そんな〈村〉をつくる為に自分の一生を捧げる気はしない。そこに自分の覚悟がある。この覚悟は村の人誰もが持っているべきである。（同前）

実篤の確信はいよいよ強まってゆく。4月には〈釈迦降臨第一回洋画展覧会〉が開かれ、松本長十郎、中村亮平、辻克己らの〝村内作家〟に加えて、千家元麿、岸田劉生、椿良雄、宮崎丈二らが〝村外〟から出品している。

実篤らは〈村〉から出て度々近隣の町（宮崎、高鍋、妻）での演説会を開いている。どこでも数百名の聴衆を集めている、この年5月高鍋町の大福座で開かれた演説会は押すな押すなの盛況で三百人が集まった。東京では新しき村出版部として〈曠野社〉が創立され、雑誌「新しき村」の他「新しき村叢書」として実篤の作品などを出版してゆく。また房子を中心に河村、松本長十郎らによって劇団〈十四日座〉（のちに〈ゲーテ座〉に発展）が結成され、11月の〝創建二周年祭〟には「ヂォゲネスの誘惑」を上演している。この〝祭り〟では絵画展、角力大会、棒押し、庭球などもプログラムされ模擬店には石河内の人々が集まって来た。思えば、このころが最も草創期の活力にみなぎっていた時期かもしれない。

二、錯綜する人間模様

実篤の意気軒昂

新しい時代が来たのだ
破壊するのは
人類はよろこばない
建設せよ
建設せよ
新しい時代が来たのだ
過去の人間の言葉をきくよりは
人類の内に叫ぶ
声に従へ
建設せよ

建設せよ
新しき工場を
新しき生活を
新しき世界を
我等はすべてのものに向かって云う
手に血をぬらなければ仕事が出来ないという、旧い幽霊をすててしまえ

（「新しき村」大正10年1月号）

大正10年（一九二一）の「新しき村」1月号に発表された実篤の「雑感——建設より」であるが、〈詩〉というより、明らかにプロパガンダ……実篤は意気軒昂であった。

この年「村の精神及会則」として、現在も生きている「新しき村の精神」が会報「新しき村」の裏表紙に掲げられるようになった。いわば〈新しき村〉にとっての「憲法」とも呼べる〝基本法〟である。

〈村〉内外からの〝建設〟への意欲も高まりを見せ、「白樺」関係者、有島武郎、志賀直哉などの十九人の発起人による「新しき村電気事業後援会」が発足。志賀有島編『現代三十三人集』（岸田劉生装幀。新潮社刊）の印税一一〇二円が〈村〉に寄付されている。

常に流動的であった村人の動静を適確に把握することは難しいが、第八年度大正14年（一九二五）1月の「新しき村の現状」の実篤の記事では、「人数赤坊よせて四十人位、内女十人、子供赤坊四人、最初から居る人男三人女一人。四年以上居る人が他の五、六人。労働時間六時間、毎月一日例会、毎週木曜の夜、相談会、演説会および芝居」とある。このあとに〈村〉での〝係り〟（会計、労働、炊事、動物、薪、郵便、果樹、看病、大工など）の役割分担が示されている。

〝ゴタゴタ〟と房子

第五年目に入った大正11年（一九二二）、

一月村にゴタゴタがあり、多数決で或る人を村から出そうとする動きあり。実篤は強く反対。以後村ではかかる解決法がなくなった。

（渡辺貫二編『年表形式による新しき村の七十年〈自一九一八―至一九八八〉』）

この渡辺編の年表形式の〈七十年史〉は、大変な労作であり、〈新しき村〉の創設時からの年次を追って「人事」「土地、建築設備、仕事、生活」「摘要（村外活動）」の詳細が、実に細かく、実篤らの作品や目録などの抜粋をはさみ込みながら、時代相と〈村〉の日常をリアルに描き出している。

特に「人事」では、大正7年（一九一八）の先発隊の行動からの最初の〝入村者〟の氏名に始まる年次ごとの入村、離村の状況、あるいは結婚・離婚・病気・死亡などの個人の動き（中国福建省からの袁素一についての記述）などの細かい配慮が見られる。

〈村〉におけるゴタゴタはすでに入村時から始まっており、二年目の大正8年（一九一九）のことは第一章末尾でふれたが、三年目の翌大正9年、村づくりに最も熱心であった中村亮平一家六人を加えた十人が離村している。中村は実篤の僚友であり、前年の入村に際して先祖伝来の家・屋敷を処分して二千円余を〈村〉に寄付しているが、その離村には自身の病気の他に、房子をめぐる確執があったとされている。

実篤自身、自伝的小説『或る男』のほとんど終章に近い場面で、「その後のことは今くわしく書こうとは思わない。書くと勢い他人の私生活や根性のふれたくない所にふれなければならない。それはいやである」と言ったうえで、「半年後に村に最初の最大のごたごたが起こり、木村夫婦や西島、後藤達五人程出た」と書いている。そして、西島はその後帰村し、「後藤は今でも村のためを実に思っている。木村と彼とは友情をすっかりとり戻している。……その最大のごたごたも実は大したことではなかった……」と楽天的に書いているが、村をつぶしたがっている〝その男〟については、かなりくどくどと〝彼〟（実篤自身）の、その時点での心境を述べている。〝その男〟の固有名詞は触れていないが、ゴタゴタの張本人は18歳で入村し、実篤も信頼をおいていた河田汎徳だとされている。

　しかし、最初の大正8年（一九一九）のこの時の〝ゴタゴタ〟は相当深刻なゴタゴタであったと思われる。大津山国夫の著書を借りると、「村内が二つに割れて、半数にちかい十数人が新しき村を去ることになった。〈中略〉複数の要因がからまって分かりにくいが……内紛の要因の一つは、武者小路房子の性情と言動にあった」と指摘している。大津山はつづけて、「村の女王」としての房子の専横についても具体例を挙げている。「この村はおでえさん（実篤）の村だ」「おでえさんにさからえば出て行ってもらうしかないわ」という房子の科白《せりふ》を多くの村人が聞いているとした上で、「それは『おでえさんと私にさからえば……』の含意でもあったろう」との推測を加えている。

　本項冒頭の「大正十一年事件」については奥脇賢三の『検証・新しき村』をはじめ実篤自身の「雑感」、木村荘太、川島伝吉、宮下満智、中村亮平、米良重徳などの「回想」でも触れられている。

　実篤はわが妻房子について、

　　僕の妻は完全な人間ではなく、勝手なことを云い、非常な露悪家で、皮肉屋だ、誰でもがある瞬間腹で思っても口には礼として出せないことを平気で云う。多勢で住むには少し危険性をもっている。自分はそれを注意してももって生れた性質で中々なおらない。……人に親切なたちもあるが病的に我儘ものだ。……人々は自分の妻だと云うことをもって無理にも病的な面白い子供のような性質として大目に見てくれてもいいような虫のいい気持ちになっている。僕は「村」のことは思うが、妻の最後までの味方である。よし妻が許せない罪をおかしても、僕は妻の味方をする。……僕の妻が勝手なことを言ってもそれを気にしなければいゝのだ。

（大津山著書から）

と、〝論評〟している。確かに的確な〝房子評〟になっているが、第三者的に解釈すると、なんとも〝虫のいい〟あまりにも鷹揚な実篤の態度である。

三、房子と安子と実篤――〈関東大震災〉前後

『武者小路房子の場合』

武者小路房子という〝或る女〟については、すでに多くの人々によって語られてきているが、その中での作家阪田寛夫著『武者小路房子の場合』は、まさに手練《てだ》れの書き手によってまとめられた〝伝記小説〟中の傑作の一編となっている。その書き出しは、取材のため宮崎市から三時間も車を走らせて、ようやくの思いで到着した〈新しき村〉での房子との会見の場面から始まっているが、この時期は〈新しき村〉の七十周年の時期にあたっており、日向の村の住人は杉山正雄亡きあとの房子（96歳）、松田省吾（45歳）、ヤイ子（56歳）、坂下文一（40歳）、みどり（50歳）となっている。

作家阪田寛夫は、96歳の房子との対面を通じて、この奔放、数奇な運命を辿った一人の女性の内奥に分け入ってゆくのであるが、その視力はシャープである。その出自から、実篤との結婚の推移、そして〈新しき村〉入村後の房子の行動についても、実篤と房子の夫婦関係に亀裂を呼び

込む、房子の大胆で危ういラブ・アフェア（情事）を含めて興味ある展開を見せている。その中に房子の詩「父と夫」の引用が出てくる。

白いひげ、胸までたれているひげ、
悲痛な色をした、やさしい眼を持つ父。
品のよい鼻を持つ父。
大岩のようにしっかりしている父。
娘よ、わがふところに安らかにいよ、と云う父。

私は父の手から夫に渡った。
私は父の被護《（ママ）》から夫の被護《（ママ）》にうつされた。
夫は大鳥のように私を背にのせて、
天空をかけまわる。
おちるなよ、風のつよい日は要心せよ。
よくつかまっていよ、と云う。
限りもない大空、自由の天地。

私はみどり子のようにおどり上る。
父が慈愛にみちた眼をして私のあとを逐っている。
安心していよ。父は下で見ていてやるぞ、と云っている。
私の天地の美しさ、安らかさ。

（『武者小路房子の場合』）

純情可憐な詩である。この時房子は29歳。

〝恋する女〟

「夫は大鳥のように私を背にのせて、
天空をかけまわる」

確かに、夫実篤は〝天空〟をかけまわっていたが、その背にいたはずの房子は、この時〈新しき村〉でのH（日守新一）との情事で夫を欺き、村に居づらくなって離村したHのあとを追って、福井の実家への帰郷を口実に旅に出ている（後になって神戸でHに会ったことを実篤は知ることになる）。実篤はこの時点で房子と日守の二人の関係については疑念を持っており、もし日守に会ったら離婚するといい、房子は会わないと誓っていたという。

その後、この二人の関係はうやむやとなり〈第二の村〉を離れた日守は、大正13年（一九二四）

に松竹に入社、俳優としての道を歩みはじめる。二枚目半という役どころでのユニークな演技で知られているが、晩年はどこか間の抜けたボォーとした存在感を示すコミカルな老優として私たちの記憶に残っているあの日守新一である。

Hとの情事に前後する形で、房子の前にまた一人好ましい男性が登場している。〝兵隊帰り〟の逞しい男落合貞三である。

落合さんの姿を見ると、世にもうれしいおもいがする。五尺七寸五分（一七三センチ）の偉丈夫、平和な目の戦士にふさわしき新しき村の勇士の床しさを人目に立たせず一つの大きな力となりてわが労働係こゝにあり。（同前）

落合を紹介する房子ののぼせあがった文章である。まさに「恋する女　ここにあり……」の感を深くする。その後落合貞三は〈ゲーテ座〉の舞台で房子の相手役となり、半ば公然と（のちに同棲から結婚へ）つきあうようになる。実篤もその二人の〝事実婚〟を認めていた節がある。

房子の男性遍歴はとどまらなかった。このあと、一時〈村〉を離れ、宮崎市で大淀河畔の旅館神田橋に寄宿していた房子は、劇団〈ゲーテ座〉をつくるが、旗上げ公演の舞台ストリンドベルヒの「復活祭」での相手役は落合貞三であった。ところが公演直前になって落合が急に失踪（故郷の山梨に逃げ帰ったとされているが……）、その代役に選ばれたのが杉山正雄であった。杉山は大正10年（一九二一）、実篤の山口での講演を聴いて入村するが、このとき、〈ゲーテ座〉の座員で当時19歳だった。〝美少年〟と呼んでもいい端正な顔立ちでまさに房子好みの男であった。〈ゲーテ座〉の旗上げ公演は鹿児島市で上演されたが、その後大正13年には九州巡業となり、大分から北九州への興行で房子と杉山の関係は深くなってゆく。

鹿児島まで出かけてこの舞台を見た川島伝吉は、「復活祭」の舞台評として、「私の感ずる所ではその舞台も楽しくできました。時刻によってその舞台は青く照らされたり、赤く照らされたりしました。そしてエレオノーレになった房子様が、杉山のベニャーミン少年へ身体をなげかけて行くのでした……」と書きとめている（阪田著）。

舞台女優としての房子の実力（演技力）がどの程度のものであったか知るべくもないが、阿万鯱人の『一人でもやっぱり村である』の中に、当時地元紙宮崎新聞に載った実篤の談話がある。

「房子が芝居に対する天才も有って居ることは自分の妻としてではなく殊に或る役の如きは日本では彼女の右に出ずるものはないと信じております……」

戯曲家としての才能を持ち自らも舞台経験を持っている実篤のこの言葉は、あながち身びいきばかりとは言えないが、「或る役」という特定が気になるところではある。

実篤と安子

房子の華やかな〝女王蜂〟ぶりのこの頃、実篤の身辺にも〈愛〉をめぐる劇的な動きがあったのである。それは新しく村の住人となった飯河安子との関係である。大正10年（一九二一）の入村者である安子は親の反対を押し切って〈新しき村〉に飛び込んできた意志的な女性であったが、面接のその段階から実篤は好感を持ち、房子のひとりよがりな行動にふり回される日々の中で「正直に云えば安子と自分は愛し出していた」という心境になっていた。

大正10年7月、福井へ帰郷していた房子と一緒に上京し、西下する際、東京駅に安子が突然現れ三人旅となるハプニングがあった。この時房子は関西で下車（その理由は落合との同棲という説がある）、ようやく羽根をのばした実篤が安子を秘書役に岡山、徳山、山口、下関、佐賀を講演を重ねながら帰村している。前述のように、この時の山口高校（現山口大学）での聴衆の中に文科二年生の杉山正雄がいたのである。

阪田著によると、「旅行中、日向へ着くまでに実篤は安子が他の男に親切を強いられるのを見て、嫉妬のあまり腹を立てさえした」の記述があり、さらに次のように続く。

福井に戻っていた房子がまた日向に帰ってくることになり、実篤は宮崎まで迎えに行き、妻駅を経ての帰途、小丸川畔の村宿深水で一泊した時、安子に対する気持を話した。

「そして房子のAに対する愛を許すかわりに、僕の愛も許してくれ、まだ間は清く、接吻もしたことはないのだと云った。その時房子は、わりに元気に笑いながら聞いていたので、僕はよろこんだ。所がその夜中、目がさめると急に大声をあげて泣き出した、そして之から帰ると云い出した。僕も泣いて、それを無理にとゞめた」

こうして、やっとなだめて、外に行く所もない房子を「村」に連れ戻った時、迎えに現れた安子を見て、さすがの実篤もぞっとした。こともあろうも、安子は房子が大事にしまっていた嫂の形見の帽子をかぶっていた。本人は何も知らずに、人から渡されたままにかぶって出たのだったが。——（同前）

このあとの成り行きとしては、村でも実篤係として食事の世話や原稿の浄書をしていた安子と実篤の仲は深まり、一方、房子も公然と落合と同棲するようになり、実篤、房子夫婦の〝破局〟は公然となり、新聞にもスキャンダラスな「四角関係」として取り上げられた。「文壇の巨星、新しき村の武者小路実篤氏の恋愛事件から、夫人が乱暴を始めたというが村内の問題となった……」（大阪毎日新聞）

やがて、安子が妊娠し、当時〈村〉に住んでいた平林英子が〝守り役〟として安子を大阪の実家に送って行くことになった。この安子の妊娠を房子にどう告げるか、実篤は悩んだという。子どもの出来ない房子の反応を恐れたからである。しかし、いつの間にか房子の知るところとなり、房子は一旦福井へ帰り、実篤は安子を東京に呼んで母に会わせている。大正11年（一九二二）房子と離婚（事実上）飯河安子と正式に結婚する。

大正12年9月1日の〈関東大震災〉が、実篤、房子、安子の〝三角関係〟の清算に影響を与えている。この時、麹町の武者小路邸も焼け落ちたが、家族は無事だった。実篤は母を気遣って上京するが、この機会に大阪の安子の実家へも滞在し、房子との夫婦関係にもケリをつける決心を固めた。そして、この年12月長女が誕生。〈新しき村〉の「新」をとって「新子」と名付けられた。

四、大正という時代と宮崎

米騒動と「県外通電反対」運動

木城村の石河内に〈新しき村〉が誕生したのは、大正7年（一九一八）11月である。この時代の宮崎について、県政の事情やその〝時代相〟に触れておくことも大事なことである。この年、年頭から米価高騰、7月には全国各地の米価取引所が立会停止の非常事態となり、いわゆる「米騒動」が各地に波及してゆく。9月には大隈内閣（第二次）から〝平民宰相〟と呼ばれた原敬が内閣を引き継ぎ政権交代。宮崎県下でも、8月に延岡で「米騒動」、6月には五ヶ瀬地方で大洪水、8月末には県下一円に暴風雨の襲来があった（この「米騒動」には御内帑金《ごないどきん》下賜、国費の支出で救済策が講じられている）。

宮崎県政は、明治末年の〝名知事〟有吉忠一（13代）から、大正4年堀内秀太郎（14代）に引き継がれている。有吉は神奈川県知事に栄転、堀内は北海道内務部長からの抜擢である。大正8年は、前年度終結した〈第一次世界大戦〉の後始末として、「ベルサイユ条約」の調印が行われた年として記憶されるが、8月に任期4年の堀内知事が埼玉県知事として転出、長崎県内務部長の広瀬直幹が着任する（15代）。県内の主な出来事としては、都城市に都城銀行設立、佐土原町に日佐銀行設立と金融マーケットの広がりと、主要食糧農産物の〝増進運動〟が盛んになってゆく。

大正9年（一九二〇）は、年頭東京帝国大学教授だった森戸辰夫（後に文部大臣となる）の〝筆禍事件〟が起きる。森戸の論文「クロポトキンの社会思想の研究」がヤリ玉にあがった「森戸事件」である。この頃から国家権力によるデモクラシー運動に対する弾圧と、それに対する知識人や大衆の抵抗運動が次第に社会問題化してくる。2月には東京で一一一団体、七万五千人の〝普選デモ〟が行われ、3月には平塚らいてう、市川房枝、奥むめおらによって新婦人協会が組織され、5月には東京上野公園で日本で初の「メーデー」が開かれている。

県内では、皇太子殿下（後の昭和天皇）の行啓があり、県民挙げての一大イベントとなった（3月27—30日の日程で来県。狭野神社、都城連隊、宮崎中学校、宮崎神宮、青島、鵜戸神宮のコースで県内を巡り、当時の人々の〝語り草〟となっている）。10月1日にはわが国最初の「国勢調査」が実施された。この時点での全国人口は五五九六万三〇五三人。宮崎県の人口は六五万一〇九七人となっている。冬を迎えて都城地方に豚コレラが発生。11月の初発から12月までに二九八頭が罹患（一三〇頭死、一四九頭撲殺、一九頭回復）し、都城、庄内、山田、沖水の畜産農家に打撃を与えた。その後、翌年春にかけての豚コレラの罹患畜は五百頭を超えている。この年、宮崎県医師会設立、県営乗合自動車営業開始。

大正10年（一九二一）に入ると、広瀬知事に代わって関東庁事務総長の杉山四五郎が16代目の知事として赴任している。この春には県立小林中学校、飫肥中学校が開校。私立宮崎産婆看護婦学校が設置され、宮崎町に宮崎銀行設立、県立病院開院と、宮崎県の教育・金融・医療分野が着々と整備されてゆく。一方で、8月には暴風雨、12月には柑橘類の赤衣病、ルビー虫、ヤノネカイガラ虫の発生で農家、果樹生産者への深刻な被害も出ている。大きな出来事としては九州通電株式会社への「県外通電反対決議」で県下百カ町村会での〝県民運動〟が起こっている。この年、皇太子裕仁摂政に就任。11月4日原敬首相が東京駅で暗殺され、高橋是清内閣が成立。

高橋内閣は一年も持たず、大正11年（一九二二）6月には加藤友三郎内閣に代わる。この年国際的には「海軍軍備制限条約（ワシントン条約）」に調印、軍備をめぐる列強とのかけひきが表面化している。また「少年法」の公布、「治安維持法」の改正、共産党の結成など社会的に注目される動きがあった。京都では部落解放運動の中核としての全国水平社が立ち上がる。また、神戸では日本農民組合が結成されている。海外ではイタリアにファシスト党のムッソリーニ内閣が成立。

10月には杉山知事が依願免本官となり、群馬県知事大芝惣吉（17代）に代わっている。この年「鉄道敷設法」公布に基づく県内の予定線（熊本高森―三田井―延岡。熊本湯の前―杉安。小林―宮崎。国分―志布志―福島―内海）が発表され、10月には日豊線延岡―日向長井間の開通を見ている。11月に鐘紡大淀製糸工場が設置される。この年風水害、虫害による不作が原因で23件の小作争議があった。県下各警察署をつなぐ〝警察電話〟の完通を見た。宮崎監獄が宮崎刑務所と改称。

関東大震災と日豊本線全通

大正12年（一九二三）9月1日午前11時58分〈関東大震災〉発生。震災後の「戒厳令」下の混乱の中で起きた朝鮮人殺傷や大杉栄らの殺害（「甘粕事件」）はよく知られている。震災のこの翌日、山本権兵衛内閣（第二次）が発足している。県内では、従来の〝郡制〟が廃止され、郡立学校を県立学校に移管（北諸県、東諸県、西臼杵など）している。8月には日本窒素肥料株式会社延岡工場創設（恒富村）。圧縮ガスおよび液化ガスの製造・貯蔵・販売が始まる。県立宮崎工業学校開校、県会議事堂兼公会堂落成（県内最初の鉄筋建築）。

この年、最も話題を集めた出来事は、4月3・4日に宮崎市一ツ葉浜で開催された飛行大会（現代の航空ショー）で延岡出身の飛行士後藤勇吉が〝郷土訪問〟。第一日目は午前8時40分に滑走、離水。飛行時間4分20秒。二日目は午前10時20分に宮崎上空を旋回。集まった五万人の観衆の喝采を浴びている。後藤は延岡中学校卒業後、日本飛行協会の練習生となり、日本初の一等操縦士の免許を取得。29歳の時には日本一周飛行にも成功。その後も民間航空の先駆者として活躍したが、昭和2年、佐賀県上空での墜落事故で33歳の生涯を閉じた。日向早作蔬菜《そさい》、茶の宣伝飛行でも郷土に貢献している。

大正12年（一九二三）秋、大芝知事は休職に入り、熊本県内務部長斉藤宗宣が第18代知事に任命された。年末には難波大助による摂政（裕仁）狙撃事件が起こり、この「虎ノ門事件」により山本内閣は引責（難波は後に死刑となる）。12月15日日豊本線が全通、延岡駅前で盛大な式典が行われた。日本で初めて新橋―横浜間に鉄道が開通して半世紀、ようやくこの辺境の地にまで鉄路が延びたことになる。

年が明けて、大正13年（一九二四）1月7日、清浦奎吾内閣が成立したが、その半年後には加藤高明内閣に代わる。世情は〈関東大震災〉以後の政情不安、社会不安を引きずっていたが、1月には〝大震災〟で延期されていた摂政裕仁と久邇宮良子女王との成婚式が挙行されている。「メートル法」「移民法」が実施されたのもこの年である。文化的な話題としては菊池寛が雑誌「文芸春秋」を発刊している。

本県において特筆されるのは、4月1日をもって大淀町・大宮村の合併による「宮崎市」が誕生したことである。同時に「都城市」も誕生。はじめての〝市政〟である。ここに宮崎県は二市九十六村の行政区間が出来上がったことになる。8月には児湯郡下穂北町が「妻町」となった。この夏は〝台風〟の当たり年。7月から9月にかけて二週おきに〝暴風雨〟が記録されている。

一方、数年来の〝送電問題〟についても、県と九州送電会社との間に電力需給に関しての契約書が交わされている。この年宮崎高等農林学校創立。

大正14年（一九二五）3月1日、ラジオ放送開始（東京・大阪・名古屋の三局。NHK宮崎放送の開局は昭和12年）。東京―大阪、大阪―福岡間に、飛行郵便開始。文明・文化の広がりの一方で、「治安維持法」公布。「普通選挙法」公布。全国官公私立中学校に〝軍事教練〟実施（配属将校の派遣）と、全体主義、軍国主義への布石も進んでいる。4月には大淀川に高松橋が竣工〝渡橋式〟が行われているが、この夏も二度三度と台風の襲来。9月には斉藤知事に代わって第十九代知事として宮城県内務部長時永浦三が着任している。年末には志布志線が開通している。

大正15年（一九二六）1月30日、若槻礼次郎内閣成立。この時期政友会総裁田中義一（陸軍大将）の〝機密費〟をめぐる不正疑惑で政界は揺れている。5月河田文相が学生の「社会科学研究」禁止の通達。思想弾圧の進む中で、日本農民党、日本共産党、社会民衆党、日本労農党などの結成、再組織化が見られる。県内では赤江村が「赤江町」となり、宮崎県女子師範学校の開校。巡査教習所が警察練習所となった。九月時永知事が佐賀県知事へ転出、北海道土木部長加勢清雄が第二十代知事として着任する。この年、これまで本県には絶無であった〝猩紅熱《しょうこうねつ》〟が爆発的に流行、多くの死者を出している。

大正15年12月25日午前1時25分、大正天皇崩御。「昭和」と改元される。

第四章
二つの村・二人の村
――〈日向〉から〈東の村〉へ

ダムができたあとの村（昭和15年）

一、実篤のいない村――実篤の〝離村〟と村の〝自活〟の活動

〈村〉の隆盛

〝ゴタゴタ〟と形容されるさまざまな人間模様をつつみ込みながらも、〈新しき村〉は営々と歳月を重ねている。第五年にあたる大正11年（一九二二）には、作家平林英子など十七人の新入者があった。さらに同12年、13年にも十五人前後の入村があり、〈村〉としてのピークを迎えている。実篤のホームグラウンドである「白樺」は〈関東大震災〉による廃刊を余儀なくされたが、村の出版社である曠野社からは「新しき村叢書」（一六冊）「武者小路実篤集」（七冊）など実篤の文学活動は軌道に乗ってゆく。

この頃村では津江市作を農業顧問に委嘱して農業に力を入れてゆく。大正12年の耕地面積は約二町一畝（果樹園を入れて。うち水田約八反）。果樹としては梨、柿、枇杷《びわ》、無花果《いちじく》、梅各二十本、桃三十本。また、コンクリート造り、硝子張り、四尺二間の温床が完成している。その一方で大水路の工事が続けられて水不足の不安はまだ解消されてはいない。

「村は今六時間労働で、畑に手が行き届き、田の用意も出来、鶏小屋も立派になり、兎も七十を越し、万事よくいって、そして皆自分の仕事、創作や絵をやっている。以前八時間働いて得られなかったものを六時間で得て来たことは、何よりの進歩と思う」と、実篤は書いている。

大正13年（一九二四）4月から、実篤は安子、新子を連れて一カ月半の旅行に出ている。大正14年2月には次女妙子が出生。この年に印刷所が出来上がり、ドイツの〈レクラム文庫〉にならって、日本で初めての文庫版の出版となる（別項で詳述する）。〈ゲーテ座〉の九州巡演もこの年のことである。

実篤の〝離村〟

こうした〈村〉の充実に背を向けるように、大正14年もおしせまった12月に実篤は〈新しき村〉を出てゆくことになった。

これ以後、自ら〝村外会員〟となり親友志賀直哉のいる奈良に居を構えるが、昭和14年（一九三九）に埼玉県毛呂山《もろやま》の地に〈東の村〉を創るまでの十数年、実篤は毎年必ず〈新しき村〉を訪問している。実篤の〝離村〟の理由についてはいろいろ取り沙汰されているが、〈村〉の中での人間関係のわずらわしさからの逃避が理由の一つに挙げられるとしても、何より切実であったのは実篤の稿料や篤志家からの寄付、〝村外会員〟の会費に頼っていた〈村〉の慢性的な財政危機を、なんとか自分の力で乗り切りたいという実篤の意思からであった。事実、〝離村〟後の実篤は関西、東海に足を延ばし、積極的に〝村外会員〟を獲得していった。

その後、実篤は大正15年（この年12月昭和と改元）に和歌山、昭和2年に東京府小岩村、さらに牛込区左内町、同3年に麹町区下二番町、同4年に東京市下落合、同6年に東京市外砧村、同9年に吉祥寺、同12年に東京市外三鷹村……と引越しを繰り返しながら、ひたすら創作に打ち込んでゆく。しかし、経済不況からやがて戦火の時代へと進んでゆく時代背景の中で、実篤の執筆活動にもさまざまな制約や重圧がのしかかってくる。

実篤と安子夫人、3人の娘と

昭和初頭のプロレタリア文学の興隆期は、実篤にとっては〝失職時代〟と呼ばれる、出版社からの〝お呼び〟のない時代であった。講談社社長菊池寛の計らいで〝先賢偉人〟たちの伝記もので食いつないでいったのである。『雪舟』『二宮尊徳』『大石良雄』『トルストイ』『楠正成』『一休、曽呂利、良寛』『井原西鶴』などが、この時代に刊行されている。このほか『論語私感』『維摩経、釈迦』などの書名に、実篤の苦衷が伝わってくる。しかし、家庭的には妻安子との間に三人の娘のよき父親としての子煩悩ぶりを示している。

村の10周年祭――実篤の〝怪気炎〟と〝金策〟

〈村〉に戻ろう。年号が昭和に変わったこの頃、実篤のデザインした〝村のマーク〟（〈新しき村〉の頭文字AMを図案化したもの）も出来上がった。村の課題は索道と水路の建設であった。小丸川の対岸のトロッコ道から突き出た大岩から十三メートルの高低差を利用してワイヤーロープの索道（ケーブル）を作り、荷物を運び込むという大事業であった。

そうした〝現場〟の汗水垂らしての苦労をよそに奈良に居を構えた実篤は、「あと十年で二、三千人。二十年先は何万人、三十年たつと日本の進んだ若者は皆村の生活をしたがるようにして見せる――八十迄生きたい」と快気炎を上げる。そのすぐ後に「今度は正直云って金の方で随分参った。村へやっと千円送ったことになり、一安心と思っている所に千七百円。他に水路の方の借りが四百何十円かあると村から知らせを受けたとき、実際どうしようかと思った。幸い神戸の直木さんから千円拝借できたので、気がのんびりした……」（通信二〇号雑感）と、その苦境を綴っている。まさに〝自転車操業〟の実態が見えてくるようである。

昭和のはじめ、〈村〉の大水路の工事は着々と進んでゆく。印刷所（係五、六人）の方も順調に稼動し、〝村の本〟二千、会誌「ひ」千二百、通信千五百の発行に加えて、パンフレットなどを手がけてゆく。この頃の〝村人〟たちは四十―五十人で推移しているが、昭和3年（一九二八）の現状では、米は一町歩作付し、籾六十俵を収穫、春四反秋三反を開田した。麦一反五畝、梨一反三畝、柵仕上げる。桃五畝、その他栗など〝日向の果実〟を仕上げてゆく（果樹係上田慶之助、野井十らがその主力である）この他、馬二頭、鶏ヒナとも五十羽。

思えば新しき村のすぎ去った九年間は、ほとんど鳴かず飛ばざる揺籃時代で堅忍の時であった。その九年が過ぎ去って新しい時期がついに到来した。

（川島伝吉記述）

この年5月には杉山正雄、房子夫妻が村を離れてゆくが、また会員の倍加運動も起こっている。12月には、実篤を迎えて〝十周年祭〟が盛大に行われている。「村へ来て」の実篤の一文がある。

自分が村に居た頃は、ややもすると、自然に人力がやられ気味で、開墾の余力がなかったが、この頃はどんどん開墾が兄弟の手でやってゆけているのを心丈夫に思った。この様子では二、三年ならずに、自活が出来、あとは目に見えて発展してゆくことと思う。

（通信五四号）

この年12月22日現在の〝村外会員〟八百十八名となっている。

この時代の実篤は、実際に金銭問題で首が回らなかったようである。阪田寛夫の小説『武者小路房子の場合』を借りると、「……大愚に似た実篤は、四万円強の金を他人のために一気に使い切って昭和三年に税務署の差押えを食ったのを境に印税・原稿料の収入は再び減る一方となり……」の記述があり、「昭和四年の武者小路から志賀への無心の手紙に村への送金額月五百円を今月から四百円に、房子へは三百円を今月から二百円に減らすとある」と書いている。

いずれにせよ、当時の貨幣価値（昭和六年の総理大臣の給料八百円。同年の小学校教員の初任給四十五—五十五円。週刊朝日編「値段の風俗史」より）からすると、実篤の金銭感覚は庶民の常識をはるかに越えている。実篤からの仕送りで暮らしていた房子は、当時杉山と鎌倉で生活しており、西御門のその家には呉服屋が四軒、下駄屋が二軒お出入りを許される派手な暮らしぶりであったという（阪田著）。

杉山正雄はこの頃、本格的に舞台にうち込みはじめ、東京有楽町の「村の一座」の出演者連にも名を連ねている。阿万鯱人著『一人でもやっぱり村である』では、東京支部の〝村外会員〟であった江馬嵩が思い出話の中で「彼は、支部の集会にもよく出たし、よく話し合ったりした。一緒に芝居などもした。〈ダマスクスへ〉〈運命と碁をする男〉〈だるま〉〈四人〉〈オルフェ〉など、村の演劇部で彼は主要な役をした……文学や美術と同じ位に演劇も好きだった」と語り、村の会員として日向の村で共に過ごした前田伍作が、「杉山兄との初対面は昭和六年で、当時神田猿楽町にあった日向堂の木曜会で彼が二十四歳、ぼくが二十一歳の時である。この年四月新しき村の演劇部がストリンドベリーの〈ダマスクスへ〉を日比谷の市政講堂で公演した。セリフが数百に及ぶ大役であったが、彼はそれをよく覚えこみ、芝居中一カ所もつかえなかったそうである……」と杉山の追悼号で回想している。

“自活”へ

やや脇道にそれたが、〈新しき村〉の現実に戻ると、実篤からの収入が減少した村では、日向新しき村の自活計画を進め「一九三〇〜一九三五年の五ケ年間の収支予算表」という大阪八ページの計画表をつくる一方、東京支部の提案で「全支部共働運動」に立ち上がる。「第二種会員（村外）一人残らず会費を村へ送れ——一日一銭を村の為に都合せよ」と細かい指令が出ている。しかし、肝腎の〈村〉では有力な活動家三十四人中約半数以上の者がいろいろな理由で〈村〉を離れてゆく。

十三年目にあたる昭和5年（一九三〇）からの五年間の〈村〉の動きについて特筆すべきいくつかの項目を挙げてゆくことにする。

昭和5年

・タービン水車による電気工事を進め、3月に試験点灯。4月には村の大部分に点灯し、精米機の運転も行われた。
・薬局をつくり、各種薬品、器具を備える
・「新しき村」10月以後休刊

昭和6年

・新しき村演劇部公演（市政講堂）
・4月16日　第二回「ダマスクスへ」
・6月26日　第三回「運命と碁をする男」「債鬼」
・11月2日　第四回「路上」「死の舞踏」
・11月14日　実篤、日向の村へ

昭和7年

・鶏舎十二坪飼料舎三坪つくる
・米作一町歩八反五畝　籾八十俵　麦二反五畝　六俵　梨三反　千四百貫　桃八畝　八十貫
下の城　開墾一反　水路修理
・10月　実篤村訪問九泊

昭和8年

・製茶設備　小型水車（精米用）及びその小屋（1・5坪）できる

・馬一　牛一　鶏百十羽程度　産卵六割
・野井十を農事係として稲作に打ち込む。「今はかつてない人数の少ない時である（十数人）。にもかかわらず最も多い時のような感じをもつ。充実しているからである」（川島伝吉記述）
・「新しき村十五周年年表」できる
・12月14―20日　実篤村訪問滞在。「村は絶えず生長してきた。自分はそれを知っている。自分だけがそれを知っていると云っていいだろう」（実篤）

昭和9年

・水路故障のため、炊事用の水も川から汲み上げたが、田植前に修復なった。
・一年分の個人費が九十円九銭（月当たり七円九十二銭）一人当たりの小遣い月四十銭
・8月12日　中国から周作人を迎えて東京支部で歓迎会
・12月　実篤、村訪問六日間滞在

二、正雄・房子の帰村と県営発電所問題

川島伝吉と野井十

昭和10年（一九三五）、「新しき村15年祭」を記念して東京で開かれた「小品展」（妻坂公会堂）に出品された実篤の油彩の一点に「川島伝吉像」がある。この人物こそ、実篤が最も信頼し、〈新しき村〉の文字どおりの主柱となって働き続けた篤実な農夫である。右側からの横顔をとらえられたその人物像は、顔半分が黒髭でおおわれた見るからに容貌魁偉の山男を思わせるが、その表情は知性的であり、誠実な内面性を実篤は活写している。この年、実篤は満50歳、12歳年下の川島はまだ三十代後半である。

「川島伝吉像」（実篤作）

〈新しき村〉の〃第一種会員〃（村内会員）は絶えず流動しており、その中で常に〈村〉の中心になってきた

「野井十像」（実篤作）

のが、川島伝吉、松本長十郎、上田慶之助らであるが、もう一人〈村〉の柱になった人物に野井十がいる。野井は画家であり、この年の春には上京して自画像などを描いているが、〃入村〃は大正9年（一九二〇）と古株の一人である。その兄野井寛樹は早稲田大学英文科出身で、当時は宮崎日州新聞（のちに、日向日日、宮崎日日新聞）の記者であったが、「宮崎支部」をつくり弟にも〃入村〃を働きかけている。〃宮崎県人〃としては数少ない村人であった。

その野井十が、次のような意思的な意見を発表している。

吾々は尤も素直になる時に、生きる上に欠けるところのないのを見出す。新しき村とは、あらゆるものに向日性を与える精神である。

（通信一二九号）

この数年後、埼玉の〈東の村〉の建設にあたって野井十は川島伝吉と共に上京（昭和14年春）して、東京近郊での〃土地探し〃に奔走、東武鉄道沿線の埼玉県入間郡毛呂山町の現地の決定に大きな役割を果たすことになる。

杉山正雄・房子の帰村

昭和10年における〈村〉にとっての大きなニュースは、杉山正雄が八年ぶりに房子・喜久子を伴って〝帰村〟したことである。杉山の温厚、誠実な人柄は、その入村時から村人たちに慕われ信頼されており、こぞって大歓迎を受けている。

杉山を迎えて……僕たちは彼を取り巻いて喜びました。之が八年振りで帰ってきた男かと思える位、嘗て彼が在ったように、村はこの男に水に帰ったような自由を与えるのを見ました。（野井十）

そして、杉山正雄、房子も〝復帰〟の感想を綴っている。

僕はわれを忘れている。僕は新しき村に没入したい。そこで自我がどうなるかというようなことは考えようとは思わないし、もはや不安もない。〈中略〉ただ村にぴったりして素直に生きて居ればいいのだ。見違えるように生長した村の樹木のように、僕も新しき村に深く根をおろしたい。村の人間になり切りたい。（杉山「村にて」）

その昔来る時は、水盃をして覚悟定めて来た道を今は光明に照らされて帰り来るぞありがたき。近在のじいさんばあさんのうれしそうにしてくれること。新しき村に光栄あれ。

（房子「古巣にかえる」）

村に帰ってから二カ月たつ。――百姓の生活は、と云ってもまだ一年生だが、自然と顔をつき合わせている生活だ。そして新しき村の生活はどこからどこまでも全力をあげてぶつかって悔いのない生活だ。

（杉山「村から」）

昭和11年（一九三六）3月、武者小路喜久子が広瀬文質と結婚している。喜久子は幸薄い星のもとで生きて来た。実篤の母方の叔父勘解由小路資承の娘康子が男爵川口武孝と結婚、その娘として生まれたが、父と死別後、母康子は実篤の親友志賀直哉と結婚。その後子どものいない実篤夫妻の養女となったいきさつがある。以来、親子三人での水いらずの生活に入ったが、実篤と房子との変転の多い生活の影響をうけた喜久子の思春期は〝渡り鳥〟同様よるべない日々であった。大正13年（一九二四）、喜久子は宮崎高等女学校三年に編入している。

実篤の欧州旅行

この年、実篤は欧米旅行に出かけている。当時、ドイツ大使であった兄公共の誘いもあったが、かねてより西欧の美術に関心を示していた実篤にとっては〝渡りに舟〟の好機であった。4月に横浜港を出発して、約八カ月間にわたって欧米各地を巡る〝大名旅行〟である。経済的には「ベルリン・オリンピック」の観戦記や新聞・雑誌への旅行記などの稿料があてられた。ヨーロッパでは兄のいるベルリンの大使館をベースキャンプに各地の美術館を巡り、ピカソ・マチス・ドラン・ルオーなどの巨匠のアトリエなども訪問している。

この時、白山丸で横浜港を発った実篤は、最初の寄港地上海で内山完造を介して中国の作家魯迅とも会っている。実篤の『或る青年の夢』は魯迅が訳している。「僕はあの本はもう日本では忘れられているといったら、あなたはいろいろの本を出すから、こっちでは今でも読まれています……」と、魯迅が言ってくれたという（『自分の歩いた道』）。

シンガポール―コロンボ―カイロを経て5月半ば、マルセイユからパリへ向かうが、兄公共はパリまで迎えに来てくれて「すっかり大船にのった気がした」と書いているのも、実篤らしい。その後、ヨーロッパ各国での美術館巡りのあと、ロンドン経由でアメリカへ。ニューヨークでは島崎藤村と出会って、〝美術談義〟をしている。実篤は藤村にグレコの「トレド」のいい複製を勧められたが、手元不如意で買いそこなったことを悔やんでいる。

県営発電所問題

昭和12年（一九三七）7月7日、北京郊外で〝盧溝橋事件〟が勃発、日中戦争の発端となった。時代は〝軍事一色〟へと染まってゆく。

この頃〈新しき村〉では田植えが終わり、「すき起しとアラシロは杉山、私はクロヌリ、堆肥運びは野井がほとんど一人でやってしまった。伊藤は野菜つくり。杉本は牛馬、広瀬も田植中休まず、高橋は果樹だが、田植当日は色々大活躍。田植中は雨は降りづめだったが、めでたく、楽しく終わった」（川島記述）という日常とその役割分担が紹介されている。

一方、実篤は「今が一番大事な時だ」と「新しき村」7月号に書いている。

村は今、一番最後の危機が来つつあるような気がする。我等はここをのり越える必要がある。それの一番主な原因はやはり経済が問題である。しかし、それは何とかなるとして、村の仕事に対する皆の熱意にたるみが出来る時が来ては面白くない。

（「新しき村」昭和12年7月号）

昭和13年（一九三八）に入ると、県営発電所建設のため、「下の城」の耕地の水没という深刻な問題が起きてくる。この時代、宮崎日州新聞の野井寛樹（野井十の兄）のつながりで相川勝六知事も〈新しき村〉に関心を寄せていたといわれているが、9月には工事計画が正式決定となる。対岸石河内の権利者も含めて水没地の補償交渉が進められてゆくが、〝戦時下〟という事情もあり説明会も強制的で、反当たり費五百五十円の要求は通らなかった。浸水予定の村の土地は田地四反二畝で開田した。一反六畝は小作地としての補償にとどまった。

最も地味のよい〝良田〟を失うことは大打撃であり、また工事期間中の人夫の宿舎として「上の城」の土地を貸すなど、〈新しき村〉にとっては、まさに〝革命〟ともいえる出来事であった。12月になって実篤が来村、上田慶之助、後藤真太朗と県当局や工事請負の熊谷組との交渉に臨んだ。この時相川知事とも面会している。この機会に下の城の優良表土を上の城の田に運び上げることを確約させるとともに、「実篤は今後の村について不屈の熱意を語り、東京付近に〈東の村〉の建設計画を発表する」（「70年史」）。12月に入って工事が始まり、〝ロダン岩〟も爆破された。

三、〈日向〉から〈東の村〉へ

〈東の村〉の開村

昭和14年（一九三九）は、〈新しき村〉にとって歴史的な〝転換の年〟となった。この年「野井とその家族、松本述之とその家族、徳丸君、小村君等、次々に村を離れ去った……ここに残っている男子は高橋と杉山だ」（「新しき村通信」3月号　川島の記述）。その前年に正式決定となり、ようやく本格化してきた県営石河内ダム工事による下の城の良田の水没と、その〝補償金〟が実篤に〈東の村〉への〝民族移動〟を決意させたのである。

この春、日向の村から川島伝吉と野井十が上京して、東京支部の会員らと共に東京近郊での「土地探し」をはじめている。東武鉄道が沿線開発のひとつとして〈新しき村〉の誘致に乗り出してきた。夏頃から交渉を進めた結果、埼玉県入間郡毛呂山町葛貫の雑木林一町八畝の取得が決まり、9月17日実篤や東京支部の会員たちが十数名集い、〝開墾式〟が行われた。10月初めから雑木の伐採と本格的な開墾にとりかかり10月末には最初の建物〝三角屋根のバンガロー〟（三坪）が出来上がり、休憩所兼道具置場となっている。
ここに〈東の村〉がめでたく〝開村〟したのである（現在はここが〈新しき村〉本部となっている）。11月末には「増田荘」（実篤の有力な支援者であった増田増蔵の寄付によるもので、実篤自身が設計）の棟上げと、村の建設は着々と進んでゆく。この時代は〝村人たち〟は川島は越生町、野井は毛呂山町にそれぞれ家を借りて、村に通いながら過酷な一日一日の労働に従事している。第一年目は専門家の助力を得て五反の開墾が進んでいる。

〈東の村〉の設立当初

この頃自分は暇があると今度の新しき村のことを考えている。村のことを考えるのは実に楽しみだ。創作をしたり、画をかいたりするよりも、なおたのしみだ。なお多くの人を驚かしたり、喜ばしたりする仕事が出来そうだ。僕の最後の傑作は村だと言うことにしたい。勿論村は僕一人で作れるものではない。大勢の合作である。百の頭を持ち、二百の手足をもつ巨人の創作にしたい。

（実篤〈54歳〉「続牟礼随筆」より）

この頃の実篤の心境である。

〈日向の村〉に残された杉山と高橋二家族のその後は、

村の土地を如何に生かすか、それが私たちの現在の主な仕事だ。浸水地域以外の耕地の維持に主力を注ぎ、全力を差当たって必要な改造に費やしている。高橋は果樹の仕事を種々な村外との交渉等を主にやっている。

（「新しき村通信」一六六号　杉山記述）

〝紀元二千六百年〟を謳い文句にしての県営ダム事業であったが、〈村〉の農業指導者であった川島伝吉は、「二十年の苦心の経営の結集が無残に失われて了うここちだ。新しき村は此処で半ば亡びかける感じだ」（「新しき村通信」一六〇号）と、その悲痛な胸の内を吐露している。川島に限らず、〝開村〟以来営々として〝村づくり〟に汗を流してきた村人たちにとっては、あまりにも衝撃的な〈日向の村〉の解体であったに違いない。

〈東の村〉と実篤

〈東の村〉の土地提供者は、宿谷真三、小山朝雄、村田義哉の三人となっているが、仲介の労をとったのは、小久保柳之助という人物で、その後も協力者として支えてゆく。〈東の村〉については東京支部の全面的なバックアップがあり、〈村に梅樹を送る会〉などを発足させている。

昭和14年（一九三九）11月12日〈東の村〉で最初の〝村祭り〟が行われ、〝三角屋根のバンガロー〟の前でのご満悦の実篤の写真が残されている。これまで遠隔地で訪れることの難しかった〈日向の村〉と違って、東京から〝日帰り〟で行ける〈東の村〉には、多くの〝村外会員〟たちが頻繁に訪れ、開墾や農作業を手伝い〈新しき村〉を実感している。

〈東の村〉のバンガロー前での実篤
（昭和15年9月15日／調布市武者小路実篤記念館提供）

年が改まり昭和15年、〈新しき村〉を支援するための〈土地の為の会〉がつくられ、一口一円の寄付が集まるようになった（一円で一坪買える時代だった）。当時、山林は一反百五十円（坪五十銭）、田畑は一反百五十―二百円ほど。この時、村では陸稲四畝、甘藷五畝、野菊三畝がつくられ、山林地九反が加わった。秋には初めての〝収穫祭〟が行われて二十数人の会員が集まった。その後この〝収穫祭〟は村の恒例の行事となっている。この頃川島家族と野井家族が〈東の村〉の中核となっていた。
前田速夫著『「新しき村」の百年――〈愚者の園〉の真実〉』からの引用になるが、実篤はこの〈東の村〉に、〈日向の村〉に寄せた思いとはまた別の狙いを夢見ていたようである。

はじめは宮崎でかわりの土地をさがそうと言う話もあったが、僕は自分も時々行ける所に村をつくりたい気になった。〈略〉東京の村外会員と、村の兄弟とが互に助けあって村を生長させてゆき、立派なものにし、美しいものにしたいと思うのだ。村に居る人も東京に出たい時は出て来、村外会員も村にゆきたい時はゆき、都会と農村の喜びを吸ってお互に生長したいと思うのだ。〈略〉

今度はもう少し現実的な気持で自分達の仕事場として村をつくろうと思っている。つまり自分達が其処に行くことで本当に喜べる村をつくりたいと思っている。つまり兄弟愛が生まれる村をつくりたいのだ。協力の村、美の村、自分達の村、都会生活と農村生活の融合する村をつくりたいのだ。

（「新しき村を」）

この前は村に住んでいる人が中心であり、村に住んでいない会員（村外会員と名づけているが）は会費をおさめること以外は別に仕事がなかった。又東京から三日目位でないとゆけない処に村があるので、村外会員は訪ねたくとも中々訪ねてゆけなかった。僕だけが一年に一度ゆく位だった。〈略〉しかし、今度の村は村に住む会員は勿論だが、村外会員も、出来るだけ村の土地をよく生かすために働くわけだ。〈略〉

他の人が見たら貧弱すぎるし、冒険すぎると思うかと思うが、足かけ二十二年苦労して来た僕達には今後の村は成算があり希望があるのである。ただ以前程興奮がなく、何ものもすてているという決心はない。今度はもっとおちついて、余裕をもって、段々生長してゆく村をつくりたいと思っている。

（「第二の新しき村」）

昭和15年（一九四〇）4月、〈日向の村〉から高橋与が東京へ去った。〈村〉は杉山正雄・房子夫婦の「二人だけの村」になった。高橋は昭和9年（一九三四）9月の〝入村〟「七十年史」によると「人事」の項目に「高橋の入村は村の食堂その他に温風を吹き込んだ」（川島記述）とある。「温風」の表現があらわすように温厚で有能な村人であったことが窺われる。村に残った正雄・房子の周辺にも複雑な「人事」の渦が巻いていた。この年7月、喜久子との養女関係を解消している（広瀬文質と離別していた喜久子は実母康子の夫である志賀直哉の戸籍に〝娘分〟として移っている）。

四、二人だけの村——杉山と房子の〝戦争〟

昭和前期の宮崎

ここで、昭和初期からの時代を、宮崎県の動向を軸に年表風に追っておこう。それは〈新しき村〉が直面していた、もうひとつの現実でもあり、〈新しき村〉と宮崎県の関係を考えさせてもくれるだろう。

「昭和」に入った早々の昭和2年（一九二七）の〝県史〟は2月の小林町の大火に始まった（焼失戸数六百戸、棟数千二百）。続いて北方村の大火（焼失戸数九十二戸）。「置県以来の最大惨事」と言われ、県は「火災予防並びに消防に関する件」の通達を出す。また、夏には暴風雨（8月7―11日）で死者十六人、橘橋、高松橋、赤江橋が流失、床上床下の浸水五千余戸……と、「災害史」に残る一年となった。

昭和3年（一九二八）1月、古宇田晶知事は依願免本官となり、山岡国利知事（22代）が任命される。佐土原・日向・大正・都城・日佐・橘・妻・日州の八銀行が合同して日向中央銀行が設立された。この年2月、飛行士後藤勇吉が佐賀県下で墜落死。県立宮崎工業学校、県立宮崎女子高等技芸学校が発足している。延岡町岡富に訓盲舎（後に延岡盲唖学校）が創設されている。

昭和4年（一九二九）はニューヨーク株式市場で株価大暴落。〈世界恐慌〉が始まった年として記憶されているが、国内的には〈張作霖爆殺事件〉の処分問題で田中義一内閣が総辞職。民政党の浜口雄幸内閣が成立する。県内では山岡知事が休職となり、京都府内務部長の石田馨知事（23代）が任命される。宮崎商工会議所が設立され、宮崎市街自動車株式会社が宮崎バス株式会社となる（宮崎交通株式会社の前身）。

昭和5年（一九三〇）になると、不況の波が宮崎にも波及してきている。鐘淵紡績が四割減給を発表し宮崎地方の二十余の製糸工場が休業、各工場でストライキが起こる。その一方で、旭ベンベルグ絹糸工場が操業開始。政府は農村救済のために七千万円の融資を決定している。この年8月石田知事は千葉県知事として転出、愛知県警察部長の有吉実知事（24代）が任命されているが、本県の失業状況は総人口七七万千余人に対して、県下二市九十四町村を通じて八七四人の記録がある。

昭和6年（一九三一）4月、前年秋に浜口首相が東京駅ホームで佐郷屋留雄に狙撃され重傷を負ったため、第二次若槻内閣が成立している。そしてこの年の9月18日〈満州事変〉が勃発。日本はいわゆる〝十五年戦争〟の非常時へと向かってゆくのである。県政の上では有吉知事が依願免本官となり、佐賀県知事の半井清知事（25代）が任命されたが赴任せず、木下義介知事（26代）に引き継がれた。前代未聞のたった三日間の〝姿なき知事〟であった（一説には宮崎には行きたくない……というのがその理由とされているが、県民を侮辱するのも甚だしい）。時代はこのあたりから〝戦時色〟を強めてゆくのである。

「八紘一宇」の塔建設

〈新しき村〉移住のキッカケをもたらした県営ダム事業のうたい文句となった〝皇紀二千六百年〟は昭和15年（一九四〇）である。この昭和15年という年は、宮崎県にとっても立県以来のエポックメイキングな年として記憶されている。

その三年前の昭和12年、三島誠也知事（28代）の転出をうけて、朝鮮総督府から相川勝六知事（29代）が任命されている（7月7日〈盧溝橋事件〉勃発のその日の辞令である）。もともと警察畑を歩いてきたこの内務官僚は、この年の暮れには「祖国振興隊」を結成、宮崎神宮で式典と隊旗授与式を行っている。学校隊、男女青年隊、一般隊を含めると三二四隊五万人に及ぶ大組織となった。

相川知事時代の昭和13年（一九三八）5月5日には「国家総動員法」が公布され、4月には「電力国家管理法」公布、「ガソリン切符制」実施、11月には〝国民精神復興週間〟が始まった。そして、同月24・25日の両日ヒットラー・ユーゲント一行を宮崎に迎えた相川知事は、なんと「ヒットラー・ユーゲント祖国振興隊」（団長ラインオルト・シュルツェ）の結成にまでこぎつけている。時流を先読みし、「八紘一宇」への道筋をつける内務官僚相川勝六ならではの〝電光石火〟の早技であった。

地盤は固められた。翌昭和14年5月20日、「八紘一宇」建設起工式が行われている。この年1月に近衛内閣総辞職、平沼騏一郎内閣がうけついだが、8月には平沼内閣総辞職、阿部信行内閣が成立している。満蒙国境では「ノモンハン事件」が勃発（9月15日に停戦協定成立）。欧州では9月に英仏が対独宣戦布告。「第二次世界大戦」へと時代が大きくゆれ動いている。祖国振興隊の最初の任務は新田原軍事施設工事への勤労奉仕であった（8月から12月まで）。「八紘基柱」という大きな宿題を残したまま相川勝六知事は広島県知事へと栄転。大阪府書記官の長谷川透知事（30代）に代わった。この長谷川知事のもとで紀元二千六百年を迎えた宮崎県は、〝天孫降臨の地〟の自負と誇りで県民意識を盛り上げるために、年頭から紀元二千六百年奉祝会常議員会を立ち上げ、〝祈願大会〟などで気勢を上げている。

「紀元二千六百年」は、〝神武東征（東遷）〟からの「橿原宮」での即位を基点にしているが、辣腕の警察官僚であった相川勝六知事は、この機を逃さず国家的事業としての「八紘基柱《あめつちのもとばしら》」の建設を「国体の精華と肇国《ちょうこく》創業の大精神を内部に顕揚し、国民精神の振作更張を図る……」という大義名分のもとに推進していったのである。マスコミを総動員しての、まさに〝神がかり〟的精神

完成直後の塔の前で（昭和15年　前列右端が筆者）

八紘一宇の塔

運動の中核が祖国振興隊であった。
建設にあたっては当時〝支那派遣軍〟として中国各地に展開していた現地部隊や在外同胞に〝献品〟を求め、一四八五個の切り石を礎石にして「八紘基柱」を築いたのである（完成時の知事は長谷川透）。塔の設計者は大分県出身の彫刻家日名子実三、塔正面部に刻まれた「八紘一宇」の染筆は裕仁天皇の次弟秩父宮雍仁《やすひと》殿下（その染筆は現在も保存されている）。この「八紘基柱」は昭和18年（一九四三）、十銭紙幣のデザインにも用いられている。

私事にわたるが、私（著者）は昭和8年（一九三三）9月18日（満州事変の二周年記念日である）、朝鮮半島中部の江原道平康（現在は北朝鮮）で生まれた。父は朝鮮総督府交通局の下級官吏で、福渓―陽徳―咸興と〝転勤族〟の子どもとしての幼少年期を過ごしている。昭和15年春、私は平康旭尋常高等小学校初等科に入学する。ちょうど〝紀元二千六百年〟のその年に当たる。年の暮れ、私はものこころついて初めて朝鮮海峡を渡り日本内地の土を踏む（当時、関釜連絡船は「興安丸」）。

父の故郷である宮崎県南那珂郡鵜戸村大字宮浦（現日南市宮浦）への初めての〝里帰り〟であった。年の暮れから正月にかけての十日間ほどの滞在であったかと思う。この機会に青島や鵜戸神宮にも出かけているが、最も印象に残っているのは、竣工したばかりの「八紘一宇」であった（塔を背後にしての記念の家族写真が残っている）。その時期は、昭和15年11月25日に行われた「八紘基柱」竣工式から一カ月をおかない時期であったようだ。

戦時下の〝二人だけの村〟

昭和16年（一九四一）に入ると、時代はますます〝戦時色〟を強めてゆく。1月8日東条陸軍大臣が「戦陣訓」を示達。同月11日には「新聞紙等掲載制限公令」が出る。また大日本青少年団が結成され、「国家総動員法」が政府権限の大幅拡張の方向で改正。その後の3月「国防保安法」公布、4月「生活必需物資統制令」公布、7月全国隣組いっせい常会開催……と、次第に〝戦時体制〟に入り、10月には東条英機内閣成立、そして、12月8日の米英に対する宣戦布告と同時に連合艦隊によるハワイ真珠湾攻撃へと、日本は「大東亜戦争」へ突入していった。

この時代〝たった二人の村〟となった〈新しき村〉にも大きな時代の波が押し寄せていた。昭和13年施行の「国家総動員法」に基づく「国民徴兵令」によって、列島各地で学徒動員や女子挺

阿万鯱人著『一人でもやっぱり村である』（昭和60年刊）

身隊、勤労報国隊の名で、まさに〝国家総動員〟の態勢が具体的実施の方向へと向かっていったのである。〈新しき村〉も勿論、例外ではなかった。明治36年（一九〇三）生まれの杉山正雄（当時37歳）は適齢期の〝兵隊検査〟では「丙種」とされ、〝出征〟を免れていたが、石河内集落の〝隣保班〟に組み込まれ、祖国振興隊の学徒や青年たちと共に勤労奉仕に狩り出されている。

このあたりの事情は、阿万鯱人著『一人でもやっぱり村である』に詳しい。その仕事の内容は道路工事、砂利採取、埋立整地、バラス採取、築堤工事、軍馬用干草運搬……など多種多様であり、阿万著では杉山は食糧（米など）持参で、当時広大な面積を持っていた唐瀬原台地（川南）に陸軍飛行場と落下傘降下場をつくる作業に従事するため、二カ月現地に泊まり込みの共同生活を送った……とされている。その時代の話を杉山は阿万に語っている。

……椎茸のほだ場（立込み）を案内してくれたときだったと思う。

——ようやく整地作業の交替期がきて、つぎの奉仕者とかわることになり、銘銘家から持ってきたスコップなどを担いで帰村の途についた。

石河内から七、八人参加者があったけど、高鍋や高城で買物して帰るというものもいて、一緒に帰途についたのは、たしか三人ほどだった。……いま考えても、決して近い道のりとは言えないのだけれど、ちっとも遠いなどとは思わなかったね……。

前後になって帰途につく連れとどんな話を交わして帰ったのだったか……あるいは黙ったまま帰ったのか……そう、あのときは黙ったまま歩いていて、気づいてみると誰もが速い足どりになっていたような記憶があるね――杉山さんは櫟《くぬぎ》の幹に手を当てて話しはじめた。

（阿万鯱人著『一人でもやっぱり村である』）

房子にとっても、杉山を〈戦争〉に取られたこの戦時の暮らしは想像を超える厳しいものであった。少々長い引用になるが、〝戦時〟の房子の日常とその心境を阿万著から引用してみたい。

落下傘降下場づくりのため杉山さんが家を開けている間、房子夫人は独りで『村』を守った。樹木が生い茂り、普段石河内集落ともあまり交流の無い房子夫人の住まう『村』は、夜間は人の出入りも無くひとしお深山のおもむきを呈しはじめる。

落葉の音まで聞きとれる静かさのなかで、聞こえるものといえばむささびかふくろうの鳴声ぐらいである。

覆いかぶさるように垂れている樹葉の下にある母屋では、ランプの下で房子夫人が読書にふけっている……といった夜の状景がほぼ変わることなくつづいていたらしい。

後になってつぎのような挿話の一つを、房子夫人が話してくれたことがあった。

『村』の動向を監視するという意図もあって、石河内内に開所されていた駐在所の老警察官が、そのころ夜間、川を渡って何回か見まわりにやってきていたらしい。

「戦争が終わってからひょっこり遊びにやってきたそのときの駐在さんがねえ……話してくれたのよ」房子夫人は言った。

「屋内《なか》を覗くとランプの下で奥さんが一心不乱になにか読んどられるので、つい声をかけそびれてそのまま帰ったとです」と駐在さんは当時を思い出すように話したらしい。

「わたし言ってやったのよ……。まあそうなの……それでも声をかけられずによかったわ……こちらはこんなところに誰もきやしないと思い込んでいるから平気だったけど、いきなり暗い外から声をかけられでもしたらびっくりしちゃったわよ、やっぱし……」と言ってから、「あの時の巡査さんの口ぶりからは、なんだかわたしが経文《きょうもん》でも読んでいるようにうつったらしいけど、本当はトルストイのアンナ・カレーニナを読んでいたのよ――」といたずらっぽく笑った。

たしかに、どこかに人気《ひとけ》が感じられる広い耕地と住家……それは夜になると取り囲んだ樹林の真中にぽかりと口を開けるように土面をさらしている耕地と、樹葉の下に無機物然として建っている家居《いえい》の組み合わせは……そしてさらに外から覗き見られるほど大まかに造られた屋内の灯火の下で本を読んでいる……決して若くはないが、まだ﨟長《ろうけ》たといった表現が似合う一人の女と……それを外からじっと見ている初老の警察官といった情景を、わたしは早撮りの齣《こま》のようなはやさで頭のなかに写し取っていた。（同前）

この引用のあと、著者は次のようにつづけている。

考えてみると、房子夫人は同じ日本に居ながら国土が受けている波浪の外にたえず居て、ついに、敗戦まで石河内にも下りることなく「村」から一歩も出ずに自分の姿勢をとおしつづけた稀なひとといってもいい。当時の国の事情から考えれば、不思議な感じさえする……。
しみじみとした阿万鯱人の述懐である。

第五章 〈武者小路文学〉その流域と沃野
――〝人道主義〟の射程

「心」の同人たちと（昭和34年／調布市武者小路実篤記念館提供）
（左から中川一政、志賀直哉、実篤、梅原隆三郎）

一、〈武者小路文学〉の流域——小説から詩・戯曲・狂言まで

明治43年（一九一〇）創刊の「白樺」の活動は〈関東大震災〉のその年、大正12年（一九二三）まで続く。「白樺」終刊号（通巻六〇冊）の発行は同年8月の第十四年目の8月号、すでに刷り上がって書店に並ぶばかりになっていた9月号は印刷所とともに灰燼に帰した。

この間、武者小路実篤、志賀直哉を中心にそれぞれの個性的な同人たちが〝出世作〟をものにしている。直哉の初期作品『網走まで』や里見弴の『善心悪心』（里見はのちに「白樺」から離れてゆく）など世評が高かった。明治43年11月の〈ロダン號〉がきっかけとなり、ロダンから三号の作品が届けられている。

実篤と個人的に親しかった同時代の文芸評論家亀井勝一郎は、作家武者小路実篤の文学活動を一—五期に区分して論じている。以下、それにそって武者小路文学の軌跡をたどってみたい。

第一期

〈第一期〉は「白樺」創刊から、同誌の十年記念号発行の直前、大正8年（一九一九）までの十年

間としている。この間の実篤の代表作には中篇『お目出たき人』『世間知らず』、長編『幸福者』の他に短い戯曲として「わしも知らない」「その妹」「或る日の一休和尚」がある。

この時代、すでに〝武者小路文学〟の発想方法と文章の特徴（文体）がはっきり表れていると亀井は指摘している。それは当時文壇主流であった〝自然主義文学〟の手法と全く相反した、〝実篤流〟の天衣無縫ともいえる手法であり、写実や叙景を無視した無頓着そのものの文章スタイルであった。彼自身「小説より脚本の方に自信があった。彼は小説では地の文章に困った。そして、ものを考えたり、あるシーンを空想したりする時はいつも会話で、そこにあらわれてくる人々に彼はなりすますことが出来た」（『或る男』）と書いている。

第二期

〈新しき村〉の創設から日向で過ごした大正7年から大正末年までの八年間を、亀井は一つの〝時代的な区切り〟を理由に〈第二期〉としている。〈新しき村〉についてはこれまでの各章で詳述しているが、武者小路実篤の代表作品はほとんどこの時期に書かれていると言ってもいい。たとえば、長編『耶蘇』『第三の隠者の運命』、自伝小説の『或る男』『友情』、また戯曲「人間万歳」「楠木正成」「桃源にて」「愛欲」などである。

大正期後半のこの時代は、ロシア革命（一九一七）、第一次世界大戦の終結（一九一八）、スペイン風邪の大流行、ベルサイユ条約調印（一九一九）、日本の国際連盟加入、第一回メーデー開催（一九二〇）、ワシントン軍縮会議締結、原敬首相刺殺事件（一九二一）、日本農民組合結成、全国水平社創立大会（一九二二）、そして〈関東大震災〉発生（一九二三）という、国際情勢や日本社会を背景にした動乱期の作家活動でもあった。

第三期

〈第三期は〉昭和に入って昭和10年（一九三五）までのタイムスパンを亀井はあてている。すなわち、大正12年（一九二三）房子と別れた実篤が飯河安子と結婚（この年12月に長女新子誕生）、兄公共がルーマニア公使となり、病身の母を思い奈良に住む決心をする。大正15年41歳になった実篤は村を離れ、奈良に転出して〈新しき村〉〝村外会員〟となった。恐らく複雑な心境であったに違いない。「昭和」と改元されたこの年12月には紀州和歌山に引っ越し、姉伊嘉子の墓に詣でている。

この時代は〈プロレタリア文学〉の全盛期でもあった。大正末期から東大の〝新人会〟の活動の中で育ってきた作家たちを中心に「文芸戦線」「戦闘文学」「開放」などの文学雑誌の活動が活発となり、やがて日本プロレタリア文芸連盟が結成されていく。左翼系作家たちは、その後四分五裂していくが林房雄、蔵原惟人、鹿地亘、中野重治、壺井繁治、平林たい子らが活躍し、青野季吉が〝労芸〟の指導的理論家として登場する。昭和3年（一九二八）には全日本無産者芸術同盟

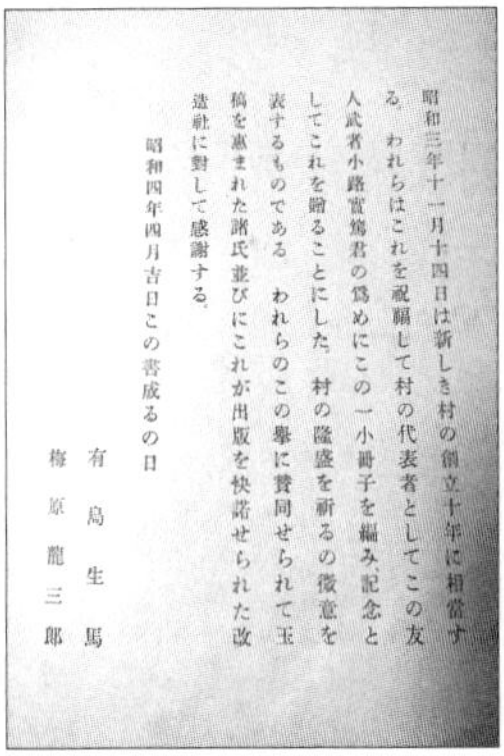

昭和三年十一月十四日は新しき村の創立十年に相當する。われらはこれを祝福して村の代表者としてこの友人武者小路實篤君の爲めにこの一小冊子を編み、記念としてこれを贈ることにした。村の隆盛を祈るの微意を表するものである。われらのこの擧に賛同せられて玉稿を惠まれた諸氏並びにこれが出版を快諾せられた改造社に對して感謝する。

昭和四年四月吉日この書成るの日

有島生馬
梅原龍三郎

〈新しき村〉誕生10周年を記念した『十年』
（昭和４年刊。その表紙（右）と扉（中）。サインが見られる。左は発起人11人による「序」）

（ナップ）が結成され、この運動の中から、のちに特高に虐殺された悲運の作家『蟹工船』の小林多喜二が出現してくる。

実篤は昭和2年（一九二七）、十年ぶりに東京に戻ってくるが、その後毎年のように移転を繰り返している。この間に月刊誌「大調和」を創刊。朝日新聞に連載、改造に論文「二宮尊徳」を書き、市川左団次によって「日蓮」が東京劇場で上演され、〈新しき村〉演劇部の公演や第一回「新しき村展」を新宿紀伊国屋で開くなど、実に精力的に活動している。昭和8年（一九三三）には東京郊外砧村へ転居、翌年、翌々年と吉祥寺への転居を繰り返す。まさに〝引っ越し魔〟実篤である。

この期間の特筆すべき成果として、昭和4年（一九二九）に改造社から出版された〈新しき村〉誕生十周年を祝っての大冊『十年』がある。いま私の手許にあるその現物は、松田省吾氏に拝借した木城の新しき村記念館所蔵のもので、その扉には佐藤春夫、武者小路実篤、里見弴による直筆のサインがある。布張りの装幀に岸田劉生による果実の絵（色付き）八六〇ページに及ぶ、文字どおりの〝特製版〟である（定価九円）。巻頭に〈昭和三年十一月十四日は新しき村の創立十年に相當する。われらはこれを祝福して村の代表者としての友人武者小路実篤君の為めにこの一小冊子を編み記念してこれを贈ることにした……（以下省略）昭和四年四月吉日この書成るの日〉。

この「序」に続く、いわゆる〝発起人〟一同の連名を挙げておく（アイウエオ順）。有島生馬、梅原龍三郎、岸田劉生、倉田百三、里見弴、志賀直哉、谷崎潤一郎、長与善郎、広津和郎、柳宗悦、そして別格の佐藤春夫。このラインナップを一瞥しただけでも、当時44歳であった作家武者小路実篤の文壇での位置が測れるというものである。勿論、これらの〝実力者〟たちは、この大冊『十年』の執筆メンバーにも名を連ねているが、このほか目についた執筆者をその作品名と共に挙げてみることにする。

「詩／十字架上のジャン・コクトオ」堀口大学、「小説／噂の発生」菊池寛、「戯曲／第一幕」岸田國士、「詩／汐首岬」北原白秋、「感想／秋のこゝろ」久保田万太郎、「戯曲／午後の客」正宗白鳥、「詩／詩の金堂」野口米次郎、「戯曲／朝飯前」岡本綺堂、「詩／三十歳」西条八十、「歌／五十章」佐佐木信綱、「小説／食堂」島崎藤村、「小説／父来る」瀧井孝作、「詩／狂奔する牛」高村光太郎、「小説／如露」宇野浩二、「戯曲／海幸山幸」山本有三、「詩／詩五章」与謝野晶子、

「歌／晴信・写楽その他」吉井勇。

執筆者総数五十三名、加えて挿絵の作家として木村荘八、小杉未醒、小川芋銭、岡本一平、津田青楓、梅原龍三郎、安井曽太郎らの〝大御所〟たちが加わっている。まったくもってとんでもない陣容と、感嘆せざるを得ないのである。なんという贅沢さであろうか。

見方によっては〝戦闘的〟な左翼系作家たちの攻撃に対する既得権を持つ〝保守的〟大家たちの大連合（?）とも見られる構図でもあるが、武者小路実篤と〈新しき村〉そのものへの強い関心が窺える証左でもある（事実、〈新しき村〉の運営はこれら〝実篤シンパ〟の寄付や、さまざまな支援によって支えられてきている）。

第四期

亀井勝一郎分類による〈第四期〉は、昭和11年（一九三六）ヨーロッパ旅行（その後アメリカに回る）から日本敗戦の昭和20年（一九四五）まで、実篤51歳から60歳までの壮年期から〝還暦〟までの十年間である。昭和11年4月27日実篤は横浜港から白山丸で〝鹿島立ち〟していく。その年の12月には米国を経て帰国するが、この間の実篤の行動は6月の「渡欧第一信」にはじまり「美術館を見る」「マチス・ルオー・ドラン・ピカソ訪問記」「オリンピック観戦記」「ベルリン便り」など、実篤らしい筆まめさで毎月の雑誌に発表されている。

実篤の〝洋行〟の動機は、兄公共がヒットラー政権下のドイツ大使だったことである。横浜から上海経由、シンガポール―コロンボ―カイロを辿ってマルセーユへ。パリまで出迎えてくれた兄公共と共にベルリン入り。この旅行の主目的は〝美術館あさり〟。ベルリン日本大使館の「一番上等な室」をベースキャンプに、〈ベルリン美術館〉は勿論のこと、中谷博というナビゲーターを得て、オランダ、デンマーク、ノルウェー、スウェーデンにも足を延ばし、イタリア、フランス、イギリスを巡ってアメリカへと渡っている。この間パリではマチス・ルオー、ドラン、ピカソなどの〝巨匠〟を訪問している。

実篤が自ら〝失業時代〟と自称しているこの〈第四期〉には、雑誌や出版社の関心はプロレタリア文学に集まり、実篤の活躍の場は左傾化していない講談社のみであった。この時期実篤はたくさんの〝伝記〟を書いている。孔子、釈迦、空海、法然、一休、宮本武蔵、大石良雄、二宮尊徳、北斎、雪舟などの長短の伝記である。亀井勝一郎はこの〈第四期〉を伝記の時代と呼んでいる。時代は〝三国同盟〟へと進み、やがて〝満州事変〟〝支那事変〟〝大東亜戦争〟と「十五年戦争」の泥沼の時代へと入ってゆく。

昭和14年（一九三九）岩波文庫『その妹』が警視庁検閲課によって削除処分となる。実篤に限らず全作家にとって〝受難の時代〟の到来である。この年の9月、埼玉県入間郡毛呂山町の丘陵地に〈東の新しき村〉が創設される。その前年〈日向の新しき村〉では宮崎県営の水力発電所建設のため、最も地味のよい田圃が水没、その補償金が四千坪の土地取得にあてられている。昭和17年実篤は日本文学報告会劇文学部長に指名される。翌18年には中国南京で開かれた中日文化協会大会に日本側参加者の一人として参加、この戦時中の実篤の行動が戦後GHQによる「公職追放G項」に該当するとされる。

第五期

亀井による〈第五期〉は、昭和21年（一九四六）から現在（この稿執筆時点の一九六六）までの二十年間であるが、実篤61歳から81歳までの老年の活動期となる。実篤は秋田・稲住温泉で敗戦の日を迎えている。同年3月勅選議員に選出されるが、7月には「公職追放」で勅選議員、芸術院会員を辞任、日本敗戦の混乱の中で実篤自身の環境は勿論のこと、思想・信条、また心情の面でも修正を迫られる時代となっている。「我等は如何に生くべきか」（一九四六）は実篤の自問自答でもあろうか。

「心」実篤追悼号
（昭和51年刊）の表紙

しかし、その一方ですべての表現者たちにとっての自由な時代が到来している。この時期再び目覚めた作家武者小路実篤の本領が発揮されていくのである。昭和23年（一九四八）には月刊雑誌「心」が創刊される。

生会成を発行母体とする「心」は発行・編輯人天野貞祐を筆頭に会田雄次、池田潔、井伏鱒二、井上靖、大内兵衛、尾崎一雄、茅誠司、串田孫一、小林秀雄、谷川徹三、前田青邨、東山魁夷、中川一政、山本健吉、湯川秀樹、横田喜三郎、吉川幸次郎、バーナード・リーチ……など、この国の学術・芸術分野の知性が同人に名を連ねている。武者小路実篤ならではの豪華な人脈である。

お互いの個性はちがう、生きている世界の範囲もちがう、ちがうから教わる点もあるわけだ。すべての人が同じ型になったり、同色になったりすることを自分達は喜ばない。皆勝手に自分の書きたいことを書く、そう言う雑誌にしたい。そして尊敬する人々の本音を聞きたい。お互いに自己を少しも歪にせず、最深の本音を吐き出す雑誌にしたい。

（「心」創刊巻頭言）

いかにも、実篤らしい「巻頭言」である。その後実篤はこの「心」を発表の場として〝後期〟の代表作を生み出してゆく。『馬鹿一』（昭和23年）『山谷五兵衛門』（昭和29年）の連作や詩のほか、おびただしい随筆、美術評論、人生論、友人・知人の追悼文、兄の思い出や自伝的エッセイと、創刊号から没年（昭和51年）の6月号まで毎月発表し、多くの誌上座談会に出席している。「心」第二九巻七月号（昭和51年7月発行）は〈武者小路実篤追悼号〉にあてられ、天野貞祐、梅原龍三郎、中川一政、熊谷守一、谷川徹三、福原麟太郎、手塚富雄、中島健蔵らが、それぞれに〝世紀の作家〟武者小路実篤の長逝を惜しんでいる。

実篤の死と周辺

作家武者小路実篤がこの世を去ったのは昭和51年（一九七六）4月9日午前4時25分、東京狛江市の慈恵会医大附属病院がその臨終の場所であった。尿毒症による最後であったが、まさに「『人類愛』を貫き通した」（同年4月10日付毎日新聞の見出し）九十年の生涯であり、アーチストとしての〝完全燃焼〟の姿でもあった。その日の毎日コラム「余録」は「武者小路実篤氏の愛好家、というよりもむしろ信者と呼ぶべき人たちが少なくない……」の書き出しで評論家臼井吉見の言葉を引用している。

新しき村の運動をもふくめて、武者小路を中心とする白樺の文学運動を否定的に批判することほど容易なことはない。とりわけ社会科学の立場からいえば、もともと批判の対象にはなりえないていどのものである。それは人生の夢想にすぎない。しかし、その夢想をこれほど純粋に生きとおした精神というものは、いかなる批判によっても消し去ることはできない……。

（臼井吉見）

実篤を追悼する里見弴の記事（毎日新聞 昭和51年4月11日付）

「これ以上つけ加えることはないだろう」と〈余録氏〉は述べ、「戦争中に、学生出身の兵隊のポケットに武者小路氏の作品はしばしば携えられていた」とつけ加えている。

四十年前の新聞記事から拾ってみた。4月11日付けの毎日新聞には、「カボチャに見入るありし日の武者小路実篤氏」のキャプションのついた実篤の日常の姿をとらえた写真入りで、「白樺」以来の親友であった里見弴が「聖人〝武者〟を偲ぶ――80年来の友、悲しいより困った」の見出しで、ありし日の実篤を偲んでいる。

「とうとう来るべきものが来たか。僕も九十近くになっているからね。武者とは、かれこれ八十年近い間知りあったり付き合ったりして来た。そういう人がこの世から消えたということは悲しいというよりも、困ったという気持ちだね」。いかにも老大家らしい会話体のこの追悼文には学習院初等科の時代に知り合った〝親友武者〟へのしみじみとした愛惜の思いが滲む。

「志賀より武者の影響の方がずっと大きい。だから、何年会わなくても、顔を合わせれば、本当に毎日会っている人のような気持ちになる。向こうでもおそらくそうだったんだよ」。さらに、「武者がした仕事としては、文学の作品をはじめ〝新しき村〟や晩年の絵の仕事など、数えればいくつかある。そして世間の人々は武者と直接付き会おうと、付き会うまいと、彼の絵を見てよかったとか、小説を読んでよかったとか、芝居を見てよかった、とかいろいろあるだろうよ」。「だけど、ひっくるめて言えば、武者という人間の良さを取り入れたということだな。武者の感化で泥棒になったとか、道楽者になって身を持ち崩したとか、ワイロを取るような人間になったとか、そういうことはなかろうと思うんだな。〈中略〉その影響の大きさというか、影響を受けた人数の多さというか、そういうことだけで、立派な人が日本から失われたということは言えるな」。

言い得て妙、「聖人武者」の価値と存在感を言い当てているように思われる。

二、〈武者小路文学〉への評価――同時代人からドナルド・キーンまで

『お目出たき人』論争

〝武者小路文学〟の評価は、時代の中で大きな振幅を見せてきた。「白樺」創刊当時、〝白樺派〟と実篤自身に対する一般的世評は厳しかった。中でも、その時代を代表していた評論家でクリスチャンでもあった生田長江（一八八二―一九二六）の批評（批判）は辛辣であった。

〝白樺派〟の嘲笑者と言われた長江（本名弘治）は島根県出身。一高―東大を経て評論活動に入るが、一高時代の同級生森田草平らと回覧雑誌をはじめ与謝野寛の知遇を得て「明星」に寄稿、閨秀文学会をつくり平塚雷鳥、山川菊栄らに影響を与えて「青踏」発刊への動機を作った思想家でもあった。

その長江は実篤について「『お目出たき人』の作者のように、思いきってオメデタイことで、彼らは自然主義を通過しない、その前派にすぎない……」と酷評している。「自然主義前派」発言としてよく知られている事実である。実篤は直ちに応戦する、「氏は僕たちを自然主義前派と

いっているが、僕達は日本の自然主義が自己を成長さすことに無頓着だったのに我慢ができずに立ったのだ。自己の主観を生殺しするのに反対して、自己を生かしきらないでは我慢できないので立ったのだ。内の要求に立っているのだ……」。

さらに、実篤は続ける、「僕は自分で自分をお目出たいといった。しかし、それは世間をからかって言ったのはわかりきったことだ。世間は僕をお目出たく思うだろう。長江氏のように、その上世間と同じ考えをもっている。しかし見よ、おめでたく思う僕こそ実はほんとうの道を歩いているのだ。〈後略〉」。

堂々たる実篤の反論である。この論戦は大正5年（一九一六）のことだとされているが、軍配は実篤に上げたい。当時一流の評論家長江には実篤のユーモアとアイロニーが伝わらなかったようだ。今日の時点で作家武者小路実篤の〝文豪〟としての絶対的な評価に対して、時代の〝前衛〟として権威をちらつかせた生田長江は「白樺」への無理解を暴露した旧時代の評論家として「文学辞典」の片隅に名を留めるだけの影の薄い存在となっている。

演劇人・実篤

別項で取り上げた「心〈武者小路実篤追悼号〉」同様、その没後多くの文芸誌が〝追悼号〟で実篤の九十年の生涯とその業績を取り上げている。まさに「棺の蓋を覆うて……」の喩《たと》えどおり武者小路実篤の「人と作品」の隅々に光があてられている。「心」では河盛好蔵の司会で瀧井孝作、尾崎一雄、綱野菊による座談会が組まれているが、実篤の日常の姿がヴィヴィッドに伝わってくる、くだけた話題の展開でその「人間性」が浮き彫りにされている。その中で生田長江について、河盛は「生田長江という人は、東大を出た人でしょう。外国のアカデミックな文学論で養われたんですから、武者さんのような新しいものは分からなかったのでしょう」と、ズバリと切り捨てている。

この座談会では実篤の戯曲・詩・絵画についても触れられているが、〝俳優〟としての武者小路実篤を志賀直哉が激賞し、「『二十八歳の耶蘇』でも『神と男と女』でも、自分は本職の役者に見せたいと思う。〈中略〉自分は此前の『二十八歳の耶蘇』を見た時にも対手の悪魔を松助と菊五郎にでもやらして武者の耶蘇を烈しく圧迫したらもっともっと調子が上がったろうと思った……」と、実篤の演技を当代の歌舞伎役者と同列に置いて褒めている（この一文は直哉の全集の未定稿）。

事実、実篤著『自分の歩いた道』には、『二十八歳の耶蘇』を書いたその頃を「千駄ヶ谷、小石川のころ」の一項を設けて、「『わしも知らない』の芝居で思い出すのは、先代勘彌のことである。〈中略〉僕のものを七つやってくれた。『わしも知らない』の他に『人間万歳』『その妹』『ある日の一休』『孫悟空』『秀吉と曾呂利』『二十八歳の耶蘇』こんなに僕のものをやってくれた者は他になかった……」と、『わしも知らない』で釈迦に扮した勘彌の写真を添えて述懐する。

二十代終わりの実篤は、歌舞伎に〝近代劇〟を持ち込んだ気鋭の劇作家でもあった。さきの座談会でも、

瀧井　僕は　武者さんの短いものをね、狂言師がやってみたら面白いだろうと思うね。
河盛　面白いと思いますね。
尾崎　「だるま」なんていうのは、実にいいんじゃないかと思う。
（「心」昭和17年7月号）

と、出会者一同が実篤作品を狂言にと提案している場面がある。

漱石・龍之介と実篤

同時代の先輩作家として実篤が一目置いていたのが夏目漱石（一八六七〜一九一六）である。実篤が「白樺」創刊号に発表した「『それから』に就いて」に対して漱石からの丁重な礼状が送られているが、『自分の歩いた道』に「漱石からのハガキ」の一章がある。

白樺を出して間もなくであった、一枚のハガキが僕を驚喜させた。それは思いもかけない夏目さんからのハガキだった。

「拙作に対しあれ程の御注意を御払ひ下され候のみならず、多大の頁を御割愛下され候事感佩の至に候……云々」

僕は興奮してすぐ志賀の処に電話をかけた、志賀も「よかった」と喜んでくれた。今でもそのときの電話をかけた電話室が目に浮かぶのをみても、よほど嬉しかったにちがいない。

（『自分の歩いた道』）

文字どおり自画自賛の図であるが、慶応生まれの二十歳年長の尊敬すべき大作家からの一枚のハガキに舞い上がる実篤の欣喜雀躍の様は微笑ましい。この感激は『或る男』にも綴られているが、その後胃弱が持病の漱石を病院に見舞うなど親交のきっかけとなり、「朝日文芸欄」への執筆を依頼されるようになる（この時漱石は朝日新聞社員であった）。

芥川龍之介（一八九二〜一九二七）は実篤よりは七歳年下の文学者であり、その文学的出発も大正期に入って菊池寛、久米正雄らの第三次の「新思潮」（大正3年）に始まっている。その文才は東大在学中から注目され、大正5年（一九一六）に発表された『鼻』『芋粥』二作で夏目漱石の賞賛をうけ、〝理知派〟〝新技巧派〟としての知的なユーモアとアイロニーの作風で一躍大正文壇の〝寵児〟となった。その後も『地獄変』などの王朝ものや『侏儒の言葉』などのアフォリズム、また『大道寺信輔の半生』などの自伝的作品を発表してゆく。

その芥川はまったく対極にあった作家武者小路実篤を評して「文壇の〝天窓〟を開け放って、爽やかな空気を入れた」と好意を寄せている。

実篤文学の沃野

作家武者小路実篤の日本文学界における評価は、昭和2年（一九二七＝実篤42歳）に改造社から出された『現代日本文学全集』に〈武者小路実篤〉の一冊が入り、戦後になると昭和28年に角川書店版『昭和文学全集』、昭和30年に筑摩書房版『日本文学全集』、昭和32年に新潮社版『武者小路実篤全集』（全25巻）、昭和35年に日本書房版『武者小路実篤選集』（12巻）、昭和39年に筑摩書房版『現代文学大系』、青銅社版『武者小路実篤選集』（全12巻）、昭和41年に集英社版『武者小路実篤集』、文芸春秋社版『武者小路実篤集』、昭和42年に河出書房版『カラー版・日本文学全集』と、一流出版社による全集・選集があいつぎ、その著書は六百冊を超えている。

これらの全集・選集の巻末には　同時代の〝伴走者〟であった第一線の文芸評論家たちの力のこもった解説・解題が付されている。亀井勝一郎、臼井吉見、河盛好蔵といった面々であるが、それぞれに武者小路実篤の出自や生い立ちに触れ、学習院から「白樺」創刊への〝戦前〟の時代状況や、〝戦中〟の実篤の行動、さらに〝戦後〟における『真理先生』（「心」連載）以後の実篤の文芸・美術・思想にまたがる横断的文化実践について、犀利《さいり》な分析を加え、高く評価している。

その中には、これまで知られなかった長野県下での「白樺文学運動」の影響の大きさについて触れられている（臼井吉見『白樺派の文学運動』筑摩版『現代文学大系』）。実篤をはじめ長與善郎、岸田劉生、柳宗悦らがあいついで長野入りして講演、また、フランスからとり寄せた絵画の展覧会を長野・上諏訪・飯田など七カ所で開き、現地の青年教師を熱狂させている（この中には、のちに家を売り家財を携えて〈新しき村〉入りをした中村亮平〈美術評論家〉などがいる）。この「白樺」による「気分教育」（官側の表現）を当時の岡田忠彦知事は「個性暢達《ちょうたつ》と芸術趣味の鼓吹」と断じて警戒心を強めている。この「白樺」の運動が昭和8年（一九三三）の「教員赤化事件」の温床になったという見方もある。

亀井勝一郎、河盛好蔵の「武者小路観」についてはこれまでにも引用してきているが、実篤没後多くの新聞・雑誌でとり上げられた〝追悼文〟の中でも、特に作家武者小路、人間実篤について意を尽くした文章を寄せている評論家瀬沼茂樹の「武者小路観」を挙げておきたい。

瀬沼の論評の〝切り口〟には新味があり、実篤の「人と作品」への距離にも身内意識のない（亀井の場合、その死にあたって実篤は「心」〈昭和42年1月号〉に追悼文を寄せている）客観的視座が窺える。その瀬沼は「天意の偉大な表現者」の表題で、この〝不世出の思想的芸術家〟（新聞見出し）を偲んでいる。

「いうまでもなく、その平明な楽天的な文章が青年たちに及ぼした感化も深い」と書き、加えて、佐藤春夫の有名な評言にいうように、「厳密な意味の言文一致を大成したのは武者小路氏だと言ってもいいような気がするのであり〈中略〉実際明治初年にはじまった言文一致の運動は、日本自然主義をへて、武者小路実篤において完成したのである」。さらに「武者小路実篤は、確かに思想家ではないが、世人が考えるより遥かに思想家であり、その文学全体が人生論、世界観を形成している。思想家として体系も論理ももたないようでありながら、巨大な体系をつくっている」と指摘している。

瀬沼は「『白樺』の運動は広汎な精神運動の面がある」と明快に指摘し、大正文学の精華として、「同時代の文壇や青年に大きな感化を及ぼし、思想青年の亜流をさえ生んだ」と指摘する（明らかに、長野の「教師赤化事件」を意識している）。また、別の紙面で瀬沼は「比類のない芸術家」として、作家武者小路実篤の存在を次のように規定している。

詩歌・小説・戯曲・対話・随筆・評論など、文学のあらゆるジャンルにその精神を発揮しただけでなく、思想・芸術の広い領域にわたって活動した。ロダンをはじめ、セザンヌやゴッホのような芸術家をふくむ内外の世界の偉人に謙虚な献身と賛美とをささげ、自分の「自我」を富ませ、同時に当時の青年たちに大きな感化を与えた。

（瀬沼茂樹　毎日新聞より）

『お目出たき人』出版のその時代に実篤（当時26歳）と出会い、生涯盟友（よき相棒）として画業を共にして来た画家に中川一政、熊谷守一というこの分野での〝大家〟がいる。中川は実篤の数多くの単行本の装幀を手がけてきているが、実篤を送る「弔辞」の中で画家としての実篤に次のような言葉を送っている。


〈前略〉あなたは文学と同じやり方で画をかきはじめました。いきなり線がきをし、色墨をぬり讃をかきました。確かに玄人の画ではありません。玄人ならもっと手間をかけるでしょう。

あなたは果たして画かきでしょうか。

同時にまた詩人でしょうか、文学者でしょうか、また思想家でしょうか。

それらのカテゴリーであなたは縛られない、私の頭にすぐ浮かぶのは一休さん、仙崖さん、白隠さん、こういう人達はあなたと同様に職人的手段によらず最短距離で画をかいています。

あなたはそういう人にすぐ直結する画をかかれていたのではないでしょうか。


（中川一政「弔辞」より《「心」昭和51年7月号所載》）

ドナルド・キーンの「白樺派」論

アメリカ・アカデミー会員であると同時に、日本学士院の客員でもある日本文学研究者ドナルド・キーン（一九二二年生まれ。二〇一一年に日本に帰化）には『日本文学史』という労作がある。『万葉集』以来の古典から中世・近世・現代に至る、文字どおりの日本文学の歴史であり、そのシリーズの〈近代・現代編〉では、明治時代の自然主義文学とリアリズムについて、国木田独歩、田山花袋、島崎藤村、夏目漱石、森鷗外に触れた論考がある。その中で、特に「白樺派」について、

一九一〇年（明治43）四月、学習院に学ぶ若き文学志望者たちによって、雑誌「白樺」が創刊された。同人は古い家柄の公卿の子、大名から転じた華族や高級官僚の子など全員が特権階級の子弟だった。それぞれに個性も文学的傾向も大きく異なるが、自然主義文学に対する嫌悪感によって作品の内容が影響を蒙り、また西欧の現代芸術によって表現態度が感化を受けた点では、共通のものを持っていた。

（ドナルド・キーン『日本文学史』）

単純明快、コンパクトな「白樺」評である。〝公卿〟や〝大名〟が顔を出すのは、いかにも〝青い眼〟の批評家らしい。

『白樺』は、また視野を文芸だけに限定せず、美術雑誌としても重要な意識をもっていた。たとえば、ロダンを特集した号は、一般の日本人にはじめてロダンの名を教える役割を果したり、セザンヌ、ルノアール、ゴッホ、ゴーギャンらの画家たちも計画的に紹介された」と、その〝出

窓〟としての役割を評価しつつ、その方針が文芸雑誌としての「白樺」の性格を希薄にしたと指摘する。また、有島武郎を唯一の例外として、〈大逆事件〉などの社会事件に対しては孤高を保ち、ときにはそれも真面目に考えることすら嫌悪したほどである。と、きめつけている。しかし一方では、

「白樺」につどう若き貴族たちは、自分が社会の特権階級である事実を見失わなかったが、彼らの精神の独立性はきわめて強固で日本人大部分のものの考え方に対しても敢然と対決したのは、注目に足る現象であった。自然主義の作家たちは、自己憐憫と軽蔑の入り交じった目で自分を描くことが多かった。白樺派はそれとはまったく違い、自己および自己の択んだ職業を誇りとした。（同前）

と、〝自然主義派〟と〝白樺派〟の対比を明確に裁断し、「白樺の人々は、積極的に自己の作品中に誇りを持ったのみか、それを書くことを天恵の使命と観じていた」と書く。

作家武者小路実篤については、

自分を天才、または運命に選ばれた子と自負した武者小路の小説は、自伝的でない作品の中

にさえ無数の誇らしげな自己肯定がちりばめられている。（同前）

ととらえ、初期作品『お目出たき人』を例に、実篤の文学的特質と「自己信仰」という表現でまとめている。

こうしたドナルド・キーンの文学に対する視座は、日本の文芸評論家たちとは〝切り口〟を異にしており、翻訳調の文体（『日本文学史』の翻訳は徳岡孝夫）ながら、端的に対象に迫ってゆく独自の評論として評価も高い。改めて〝日本文学通〟としてのキーン先生の学殖に脱帽させられる（一九八五年には読売文学賞、日本文学大賞を受賞している）。

「白樺」の〝双璧〟である志賀直哉、武者小路実篤の〝人と作品〟をめぐるドナルド・キーンの分析も興味深い。〝白樺派〟のピューリタニズムを代表する実篤の純潔主義に対して志賀を快楽主義と位置づけている。この両極を結びつけている「白樺」の思想をキーンは〝人道主義（ヒューマニズム）〟と規定し、特に実篤の作品に与えたトルストイやメーテルリンクからの影響をあげている。また、有島武郎を左翼に、実篤を右翼に位置づけ、志賀や長與をその中間に配した〝白樺派〟の思想傾向について言及しながら、彼らの〝人道主義〟が特定の政治思想とはほとんど結びつかない「白樺」独自のものであったと結論づけている。

三、実篤と〝出会った〟ころ――我が文学人生の〝青春の勲章〟

最高裁判所書記官研修所「本郷分室」

いささか私事にわたるが、私は作家武者小路実篤に出会ったことがある。まだ二十代に入ったばかりの学生の身分の話である。昭和29年（一九五四）春、私は最高裁判所書記官研修所速記部に〝研修生〟として入所している。20歳の時である。書記官研修所の本部（養成部）は文京区白山にあり、〈速記部〉という新設の研修施設は「本郷分室」と呼ばれ、その所在地は文京区湯島切通町にあった。この場所は三菱財閥の創始者であった岩崎彌太郎の長男久彌の本邸として明治29年（一八九六）に建てられた文化財的建築群から成っている。

現在では、本館である洋館を中心に和館、撞球室に袖塀、煉瓦塀を含めて重要文化財に指定され、「百年遺産」として東京都の管理下におかれ、〝都内観光〟のスポットの一つとなっている（中に入るには入場料が必要）。事実、建築家ジョサイア・コンドル（一八二五年ロンドン生まれ。明治10年日本政府の招聘により来日。工部大学校〈現東京大学工学部建築学科〉教授に就任。鹿鳴館、上野博物館、ニコライ堂などを設計）による岩崎本邸の洋館は、17世紀の英国ジャコビアン洋式を基調に、ルネッサンスやイスラム国のモチーフなどを取り入れたエキゾチックな西洋木造建築である（私たち〝研修生〟はその建物のそれぞれの個室を〝教室〟として使っていた。なんという贅沢さだったろう）。

しかも、二万坪に及ぶその庭園は江戸期に越後高田藩榊原氏、旧舞鶴藩牧野氏などの屋敷として受け継がれ、明治初期には一時、〝人斬り半次郎〟の異名のあった薩摩の桐野利秋が住んでいたという、ややこしい歴史を持っている。研究家によると彰義隊との戦いで軍功を挙げ、〝戊辰戦争〟でも軍監を務めた桐野への論功行賞として、この地が下賜された（あるいは廉価で払い下げを受けた）らしい。桐野は明治4年（一八七二）に陸軍少将に任命されたが、「征韓論」に西郷隆盛が敗れてのち、明治6年には下野、西郷と行動を共にしている。作家加来耕三によると、桐野は五百円で購入したこの土地を一千円で売却すると、貼り紙をして薩摩へ去ったというエピソードがある。

この岩崎邸に接した不忍池に下るダラダラ坂が、森鷗外の名作『雁』の舞台となる〝無縁坂〟である。特に書き加えておきたいのは、この場所が「戦後史」の上でのネガティブな舞台になったことである。一九四五年敗戦国となった日本は、米軍の進駐下にあったが、岩崎邸もご多分にもれずGHQに接収され、悪名高いキャノン機関（ジャック・Y・キャノン中佐がキャップ）の本部となっている。このキャノン機関が一躍有名になったのは、昭和26年（一九五一）11月、藤沢市鵠沼で結核療養中であった作家鹿地亘を拉致、監禁した場所として社会的なニュースになったからである。その目的は左翼系作家として知られていた鹿地にソ連のスパイとしての容疑をかけ、アメリカのスパイになることを強要、いわゆる〝二重スパイ〟に仕上げようとする陰謀であった（鹿地はその後数カ所をタライ回しされた上、一年後に解放される）。

キャノン機関の時代「本郷ハウス」と呼ばれていた岩崎邸は、その後立教大学系統の聖公会神学院となり、昭和29年（一九五四）に最高裁判所の管理財産となっているが、その総面積は一万四四六〇坪。この年書記官研修所本郷分室が発足している。西洋建築の洋館は事務局、所長室、教官室、教室に利用され、大名屋敷を思わせる複雑で広大な和館（『忠臣蔵』の映画に登場する〝吉良邸〟を想像してほしい）は、我ら〝研修生〟の寮として使われた。それでも教室が足りず、コテージ風な撞球場や正門近くにあった〝馬小屋〟も教室にさま変わりしていた。

岩崎邸。明治29年に建てられ、その土地とともに歴史の舞台となってきた。筆者はここで研修をうけ、実篤に出会った。

豪華な講師陣容

「裁判所速記官」の養成は、昭和25年（一九五〇）に最高裁内に設置された「速記研究室」に始まり、翌26年から少人数での養成が始められ、昭和29年度採用の私たち五期生から大量養成の時代に入ってゆく。私の同期生は全国募集による百名（地方から六十名、東京都内から四十名）で、かなり高い競争率であった。「速記」というと一般には早稲田式や中根式や田鎖式などの暗号風な記号による手書きの速記者を連想するが、最高裁判所が採用したのはアメリカの軍法会議（映画『ケイン号の反乱』の法廷場面で出てくる）で使われていたステノタイプの日本語バージョンで、アルファベット文字を組み合わせた難解な構成で、修得までにはかなりの習熟期間が必要であった。

ここからようやく、武者小路実篤との出会いにつながる私の研修生活に入る。どのような分野でも制度の草創期に賭ける当事者の熱意と努力の傾注には、いまも昔もない。初代の研修所長八田卯一郎は一高―東大のエリート裁判官であったが、戦後満州から引き揚げている。その所長の意向もあってか研修所の教官、事務局スタッフにも〝引揚者〟や〝復員者〟が多く、また研修生の側にも〝引揚者〟の子弟が多かった（これは希望の大学に進学できないという貧乏学生への救済にもつながっていたのかもしれない）。

また、教育のカリキュラムの面でも、本来の法廷速記者としての法律知識や速記技術の修得と同時に、「一般教養」に重点がおかれ、どこの大学にも劣らないような教官の陣容であった（教務課長の口癖は「オマエらは、東大生よりもゼイタクだ……」）。法律課目は最高裁のお膝元として〝身内〟

でもある現役の実務裁判官が〝教官〟としてズラリと顔を並べ、憲法、民法、刑法、商法、民・刑訴訟法などひととおりの講座が揃っていた。ここで自慢したいのは「一般教養」のための講師陣の豪華さである。その顔ぶれを挙げてゆくと、

社会学　磯村英一
英文学　島田謹二
独文学　富士川英郎
仏文学　宇佐見英治
中国文学　魚返善雄
中国思想　宇野精一
方言　金田一春彦
法医学　古畑種基
化学　菊池真一

これらの講師の他に「一般教養」として、武者小路実篤、亀井勝一郎(以上、文学)、今泉篤男(美術)、河竹繁俊(演劇)、筈見恒夫(映画)、有坂愛彦(音楽)の他に、賀川豊彦(『死線を越えて』で知られる有名なクリスチャンの社会運動家)の印象的な講話があった。いまの時点でふり返っても、実に贅沢、豪勢な講師陣であり、二十代の初めにこの時代のこれら〝泰斗〟と触れあうことのできた

幸運をしみじみ嚙みしめている。

文芸誌題字を書いてもらう

遠回りをしてきたが、私自身の青春期の時代相と環境についてくどくどと説明してきた。「本郷分室」でのこの二年間（全寮制）は、私にとっては〝青春の兵営〟でもあった。規則ずくめの日常に縛られながら時に、破目をはずし、若さをバクハツさせる日々でもあった。研修所当局は若い〝研修生〟の思想的な左傾を極度に警戒し、神経を使っていたが、その頃、赤いポロシャツに麦藁帽子を愛用していた私の仇名は「サパタ」（当時、映画館でジョン・スタインベック原作、エリアカザン脚本・監督の『革命児サパタ』が上映されていた）であったが、私なりに、研修所のシメツケに反抗し〝革命児〟を気取っていたフシがある。

本題はここから……作家武者小路実篤と出会った時期ははっきりしないが、多分、昭和30年（一九五五）の春頃であったと思う。実篤の年表で辿ると、この年〝古希〟を迎えている実篤は三鷹市牟礼から仙川の家へ移っている。ちょうどその頃にあたる。私自身は21歳、身の不幸を嘆き、知識に飢え、憤懣をまきちらして生きていた時代である。ペシミズムにとりつかれ、藤村操の「巌頭の感」を誦《そら》んじ、原口統三の『二十歳のエチュード』を愛読する悩める若者の一人であった。

出会った……という表現はあまり正確ではないが、作家武者小路実篤の〝来所〟の機会に、私には密かに期するところがあった。当時、私が編集長であった学内文芸誌「道程」の題字を〝武者センセイ〟に揮毫していただこうという、大それた願いである。和服姿で八田所長と歓談しているその席へ、臆面もなく硯と筆を持って闖入《ちんにゅう》（八田所長にはあらかじめ了承を得、助言もしていただいた）し、「先生、是非『道程』の題字を……」と、恐る恐る差し出した私に、「ああ、『道程』、光太郎だね……」と、老大家は実に気さくに筆を執ってくれた。

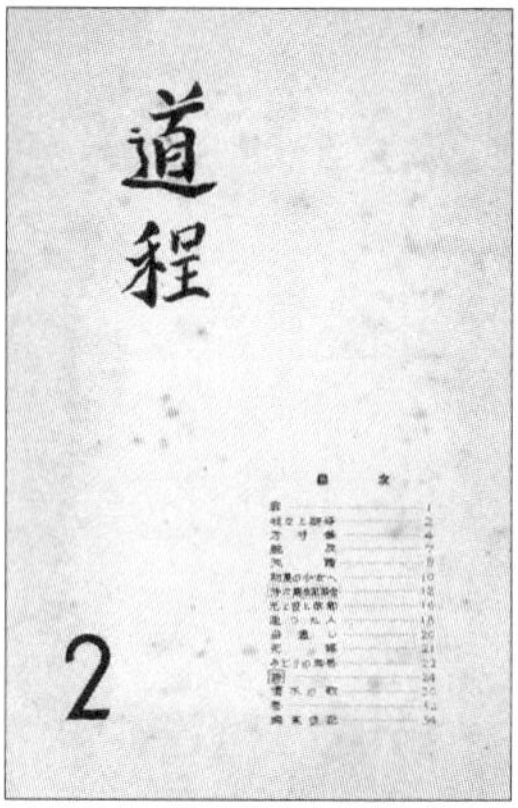

実篤筆の文芸誌
「道程」の表紙

この時から、私は熱心な〝武者ファン〟に変わった。それまで武者小路作品で私が手にしたのは『愛と死』『友情』の二冊のみであったが、それ以来、書店に入ると「武者小路実篤」の背文字を追うようになった。たった一度の出会いに過ぎないが、作家武者小路実篤その人とじかに触れあえたことは、その後の私の〝文学人生〟の中での無形の〝勲章〟となっている。

第六章
二人だけの村
――杉山正雄と房子の生と死

杉山夫妻と筆者（昭和50年頃）

一、二つの〈村〉の戦後

実篤十三年ぶりの新しき村

昭和25年（一九五〇）6月、武者小路実篤は〝敗戦〟をはさんで十三年ぶりに〈日向の村〉を訪れる。宮崎市で開かれている「武者小路実篤・真垣武勝二人展」に出席するための来宮であった。この時、昭和13年（一九三八）の県営ダム工事説明会への帰村以来の杉山正雄・房子夫妻との久々の〝再会劇〟が待っていた。阿万鯱人著『一人でもやっぱり村である』からの孫引きになるが、その情景を伝える地元紙の記事を引用する。

日向日日新聞（現宮崎日日新聞）の昭和25年6月15日付の紙面に、その時の様子がやや高揚した感じの見出しで書かれている。《かけよる房子さんに、おおと感動の眸・昔の部屋で存分きごう》として、本文には、

来宮中の武者小路実篤氏は十三日午前十時宮崎発、十三年ぶりにかつてのユートピアであり

今は前夫人となった房子さん（58）が愛弟子の杉山正雄氏とともに待つ児湯郡木城村石河内の「新しき村」に入った。この日、鉄無地色の和服にパナマ帽のひょう然とした姿の武者小路氏は、木城村川原まで出迎えた杉山氏や日発支社員と共に犬トロに乗り、小丸川のけい流を眼下に青葉若葉の山峡に鳴きかわすうぐいすの声に耳を傾けながら行程二時間、こんな山奥に大正の初期よくも新しき村を求めてはいったものだと思われるほど立枯れの木々をまじえた原始林の山々が入りくんでいる石河内の浜口ダムに着いたが、満々と青い水をたたえたダムの向う岸に、浮島のように見える森林におおわれた山の突端、それが昭和十三年浜口ダムのしゅん工とともに多くの開墾地や同志の家を水底に沈めた変り果てた新しき村の姿だった。

やがて武者小路氏は石河内部落から小船で新しき村に渡り、さすがに一木一草に思い出をたどる足どりで開墾地に見入っていたが、出迎えた房子さんが堪りかねたように小走りにかけよってくると、「おお」と感動的にすたすたと近づき、しばし立ちどまって万感無量のまなざしを送っていた。

房子さんは五十八歳とは思えぬ若々しさで、茶紫の和服にもえぎ色の帯、束髪に銀のかんざしをさした粋な姿で「お疲れさまお疲れさま」とうれしそうに武者小路氏によりそい、思い出多い家に入ったが、「暑かったでしょう、おぬぎになっては、お水は」と細かな心づかいで昔に変わらぬ情愛の深さを見せ、それからそれへと杉山氏をまじえて十三年の昔ばなしに花が咲いた――

（『一人でもやっぱり村である』）

といった具合に、わき立つようなその日の『村』の模様を、実感のこもる筆致で書いている。

〈東の村〉の戦中から戦後

再び、渡辺貫二編の「七十年史」に戻るが、昭和15年（一九四〇）以来の〈新しき村〉「人事」の項目には、〈東の村〉の消息の終わりに、判でついたように「日向は杉山家族」の一行だけがつけ加えられている。この間〈東の村〉は、

昭和16年（3年目）
・水田一反六畝を得（多和目仲町）新たに開墾二反
昭和17年（4年目）
・陸稲七反　玄米十七俵　甘藷六畝　初めての水田は一反六畝で八俵の収穫
昭和18年（5年目）
・11月14日　新しき村満25周年記念日　教育会館で午前記念講演会　午後会員大会開く
昭和19年（6年目）
・川島伝吉病気で離村。一家で郷里福島へ帰る　東京大空襲始まる

昭和20年（7年目）
・5月　実篤は孫たちと秋田県稲住温泉に移る
・〈東の村〉は野井十が中心となり、水稲三反五畝、畑六反（陸稲、甘藷）をつくる。野井家族は、十（45歳）ウタ子（37歳）節子（13歳）康江（12歳）秀子（11歳）克子（4歳）瑞枝（2歳）の七人。「新しき村五十年」には、〝八人の〟〝聖家族〟とある。馬一頭を買う。代金二百五十円。
・8月15日　終戦となる

その後、戦後の〈村〉は、野井家族八人に渡辺貫二（36歳）、きく（32歳）、きくの父母、根津忠男一家四人が加わり、〝兄弟〟たちの力を借りて、土地改良に力を注ぎ、精力的な〝村づくり〟に励んでゆく。昭和21年（一九四六）11月、七坪半のバラック住宅が完成した。畳もガラス戸も入らず便所がなかったが、野井十一家が増田荘から移り住んだ。昭和22年4月には付近の部落から電線を引き込み電気が灯る。この年野井、根津、渡辺三家族で大人八人子ども九人の総勢十七人、9月には「東の村通信」第一号が出る。

昭和23年（一九四八）は〈新しき村〉が出現して三十周年を迎えている。〈東の村〉での新年会では実篤ら会員二十一名に地元の人々を加えてお汁粉で祝っている。この年は水稲二十五俵半、陸稲二俵半、甘藷約千二百貫、馬鈴薯二百十五貫、麦一反二俵、野菜も上出来で、〈東の村〉は十年目にしてようやく軌道に乗った感がある。この年財団法人「新しき村」設立（村の土地が個人名義のため「農地法」の強制買収の対象にされることへの対策）。

実篤は「東の村通信」に次のように書いている。

東の村の仕事が、仕事に追いかけられず、いくらか余裕をもって出来てゆく話は、殊に僕等を喜ばす。一大進歩だ。先手先手と仕事がはかどってゆくといいと前から思っていたが、中々そうはゆかなかったが、この頃は女の人や子供まで協力して、仕事がはかどり出したのは嬉しい。

昭和24年（一九四九）、この年から〈東の村〉で養鶏が始まった。5月3日、五十日齢のヒナ十羽から始められたこの養鶏は、そののち〈東の村〉の表看板となり、やがて〝日本一〟と評される規模にまで成長してゆく。主食への自給もできはじめ、〈東の村〉十周年目の成果として、十四万五千円余の収支の内、養鶏部収入が一万三六五〇円、支出一万一六二円となっている。この年、のちに文筆家として活躍し、出版社皆美社を起こす関口弥重吉が大学を中退して入村してくる（関口には『村の生活』『ポルトガルの鍬』『心にある村』などの著作があるが、私は宮崎の〈檀一雄忌＝夾竹桃忌〉で何度か会っている）。

昭和25年（一九五〇）になると、サイロが作られ、乳牛花子さんに子牛が生まれ、待望の搾乳が始まっている（乳量六升ぐらいだが村人たちの喜びは大きかった）。養鶏の利益はすべて拡張に使われる。3月に育雛五十羽、秋には中雛二十羽購入、鶏舎（五坪）が出来上がる。また、7月には多和日丸山に山林七畝を求め、8月から一部を開墾。この年の現金収入は二〇万二六七三円と初めて収入が二〇万円を越したと記録されている。昭和26年以降徐々に村人が増えてゆく。

〝二人の村〟の戦中から戦後

一方、〝二人の村〟となった〈日向の村〉の戦後はどうであったのか。杉山正雄・房子の日常を具体的に辿ることはできないが、この二人の最期を看取った木城在住の医師吉田隆（新納仁）の著書『村は終わった』に、この二人に関する印象的な条《くだ》りがある。

杉山正雄こそ、新しき村の理想を常に心に堅持し、師実篤の教えを忠実に、しかも一人で最後まで、貫き通した雄々しく偉大な男であったと吉田は信じ、多くの人々にもそう話してきた。その杉山が、あの小さい体に鞭うって毎日村の土地を田に見事にしつらえて、病床につくまで、稲は見事にみのり、梨も栗も茶も立派に育ち、牛も二、三頭を飼育してきた。

一つの機械にもまかせず、短躯よく一年間の農事をこなしたものだと思う。そして影のごとく房子はいつも杉山のそばにぴったりとつきそっていた。

後年よく人々は、房子はあの長い年月の間農業なんて一寸もしたことはないだろうと良く話し書いてきた。しかし房子の手はまるでそこらにいる農婦と同じように、節くれた大きな手をしていたことに気付くものは少なかった。

あの杉山と二人っきりになったとき、或は杉山が徴用で動員されていって一人っきりになったとき、どうして土いじりをしなくて生きてきただろう。房子の手はきらびやかな派手な生活を送っていたときとは全く変ってしまっていた。

杉山も房子も必死に援《たす》け合いながら、二人っきりの村を、特に戦中から戦後の長い間を誰からの援けも受けず、ずっと守りつづけてきた。ここに杉山と房子の生活史があり、村をどのように愛し、大事に大事に守りつつ生きつづけてきたのだ。ここにそのやさしかった房子の一面を見せる素晴らしいエッセイがある。

（『村は終わった』）

最後に、昭和45年（一九七〇）9月20日の日付入りの武者小路房子の「古くて新しき村」を引用したい。

原始林の山々と、青いダム湖に囲まれた、この石河内の〝新しき村〟も、ことしは例年になくひどい暑さでしのぎにくい夏でしたが九月にはいるといつの間にか〝秋立ちぬ〟の気配が漂って、すっかり冷えるようになりました。ときたま村の奥にそびえる明神山の奥から引いている水田用や飲料用の小さな水道を見回りに出かける私は、つい先日までは見かけなかった野ハギの紅の花がこぼれるように咲いているのに出会ったり、真赤な彼岸花や紅葉のクズの花、「あら、あなたも咲いていたのね」と声をかけたくなるようなナデシコなど秋の草花が咲いていたり、クリもはじけて静かな台地の村の草原はもう秋のよそおいです。真昼間の、森閑とした草原のなかで、思いがけず鈴虫の音色を聞くこともありますが、それは夜に聞くのとまた違って、わたしにはふと時の流れを思い出させるような、むなしい哀調で胸に迫ってきます。

〝新しき村〟もこの石河内の村から、現在の〝東の村〟と呼んでいる埼玉県毛呂山の村までを通算すると、もうあと二年で満五十周年を迎えることになります。わたしが、わらじばきのたどたどした足どりで、武者小路について木城村高城から昼なお暗い山道を歩いてこの〝新しき村〟にはいったのは大正七年十一月、二十六歳のときでした。あれから四十八年にもなるわけです。流れる雲や武者小路が名づけた「ロダンの岩」や村の大部分を沈めたダム湖のたたずまいは昔と変わりませんが、村を取巻く山々は、古い山様を一段と深めていくかと思えば、時代と共に新しい姿に変っていく山もあります。明神山は大古の獣の骨でも見るような真白い立ち枯の樹木がめっきりふえ、原始林の様相をますます濃くしてきました。村の正面にそびえる上面木山は伐採が進み、新しい植林の山に変ってきました。そうした移り変る山々に向かうとき四季とりどりに美しい風景ながらも長い年月の流れを感じずにはいられません。

杉山は、忙しい農作業のあいまに、日に一度はダム湖を渡って、石河内から郵便物を取ってきたり、ときには買い物や農作物の運搬、来客の迎え送りに、幾度か湖面を行き来することもありますが、私はもう十数年来、対岸の石河内にさえも出たことはありません。

宮崎にも戦前に八紘之基柱の工事が進められているとき出かけたきりですから、二十五年、六年も昔の宮崎の姿しか知りません。いまはこの〝新しき村〟のあけくれだけがわたしの世界ということになります。といって狭くもなく寂しくもないいまこそ村に生きているという静かな思いでいます。村は杉山とわたし、それに老犬のジャンを加えたひっそりした生活で、杉山は農作業と、好きな文学や美術書を読んだりスケッチをやってみたり、私は炊事やせんたくのあい間に、送られてくる演劇の本など気まゝに読んで過ごすあけくれですが、ときにはお客を迎えて村の話や、文学や美術などの論議に夜を過ごすこともあります。村から一歩も出ないといっても、そうしたことや、テレビや有線放送もありますから世間のことも、わずらわしさなく、ほどよく知ることができます。

（武者小路房子「古くて新しい村」）

二、「此処は新しき村誕生の地なり」——昭和50年の〈新しき村〉

四十年以上前に書かれているこのレポートは、当時私が活動していた宮崎自然を守る会の機関誌に発表されたのち、作品社（東京）の〈日本随筆紀行〉シリーズ〝宮崎・鹿児島・沖縄編「光り溢れる南の海よ」〟に収録されている（本書掲載にあたって、小見出しを入れるとともに誤植等を修正した）。

宮崎の自然を守る会〝自然教室〟

私が、会員の一人として加わっている宮崎の自然を守る会では、〝自然教室〟というユニークな事業を継続している。ハイキングや登山、または家族ぐるみの行楽を兼ねた自然との親しみのなかで、植物、動物、地質、歴史など、それぞれの分野の専門家たちの解説を聞き、自ら探索し、自然を（あるいは自然に）学ぼう……というのが、その趣旨である。とは言っても、私自身は、あまり忠実な会員とは言えない。理事会を構成する一員でありながら、他の会合や行事にことよせて、ほとんどの企画を見送ってきたというのが実情であった。

その〝自然教室〟の12月の企画とは、鴨や鴛鴦《おしどり》の棲息地としても知られている宮崎県児湯郡木城町石河内の〈新しき村〉への学習行であった。その下見を兼ねて、私が中島義人氏（宮崎の自然を守る会事務局）と二人でこの〈新しき村〉を訪ねたのは11月17日のことである。ことしは例年になく、秋口に入ってからも雨が多く、折角の秋の行楽シーズンも、休日ごとに雨にたたられるという始末であった。この日も例に洩れず、前夜からの雨が降りやまない氷雨模様の日曜日であった。

峠を越えると風景は一変した

午後1時きっかりに、私たちは宮崎市の中心を出発した。中島氏の運転する軽自動車で高鍋を経由し、木城町（数年前から町制に変わったが、むしろ木城村の呼び名がふさわしい集落のたたずまいである）に入った。この地へは二度目の訪問であるが、ここから左折して石河内へ向かう山道は、私にとってはじめてのコースである。舗装道路が途切れて、小型車同士がかろうじて交差できる幅の道が、つづら折れに続いている変哲もない山道風景である。しかし車が石河内を望む一つの峠を越えると風景は一変する。

「峠」という文字が示す立体感そのままに一気に馳け下る曲がりくねった道の前方に、石河内とその一円の風景が見えかくれしていた。それはまさに、別天地と呼ぶにふさわしい隔絶した世界であり、幽玄の美しさを保つ東洋画そのままの自然である。折から、やや小やみになった雨脚をおしはらうように薄日が射し、山峡には霧とも靄ともいえない乳白色のものが湧き立ち、雨の日ならではの微妙な味わいのある風物がどこまでも展《ひら》けているのである。車を降りたった私たちは、一つの詩碑の前に立った。

山と山とが讃美しあうように
星と星とが讃美しあうように
人間と人間とが讃美しあいたいものだ
昭和四十三年
武者小路実篤

この詩碑のある展望台から、小手をかざしてはるかに望む、小丸川対岸の〈新しき村〉は、どこか北欧の景色でも思わせるような密度のある樹林をバックに、湖に突出した小さな半島を形造り、その台地の上には、いかにも〝ユートピア〟〝小天地〟の名にふさわしい姿、形の世界があった。竹林のざわめきや、鳥獣たちの息づかいが感じられるような自然と、実直な農夫の意志を見るように、端正に区画された田畑、果樹園のありかが、手織り木綿の感触で伝わってくる理想の箱庭として私の眼には映じた。

「……其処は摺鉢の底のように、四方高い山に囲まれていた。そして城は石河内の村とは川をへだてて如何にも別天地だった。それの三方をかこんで流れる川は昨日見た川の上流で更に美しかった。激流の処や淵の処があった。仲間の一人は、十一月に近かったが、その川にとび込んで泳いだ……」

はじめてこの土地を望んだ時の印象を、武者小路実篤はそのルポルタージュ風な作品『土地』の中でこう記しているが、さらに、紆余曲折の末に、ようやく現実のものとして木城村大字石河内字城と呼ばれるこの土地を手に入れることになった日のことを、次のような武者小路らしい純真な喜びをあらわにして表現している。

「……その日はロダンの誕生日の十一月十四日だった……〈中略〉……翌日方々へよろこびの電報を打った。そしてその日、病人をのぞいて皆城を見に行った。高城から二里半程はなれた処だ。

峠から見おろすと、真正面に三段の高低が出来て川に三方かこまれ、後ろは高い山につづき、崖には青々と木のしげっているのが城だ。

自分達は峠の上から見おろした。よろこんだ。あすこが我等の仕事の第一の根をはる処だ。幸あれ！其処はもと城のあった処で、今は一軒の家もなく、一人の人も住んでいない。川をへだてて石河内の村がある。

自分達は舟で城に渡った。自分たちの土地に」

今度の、私たちの〈新しき村〉行きの計画には、はじめからいくつかのラッキーが作用していた。数カ月前の理事会で〝自然教室〟の次回の候補地として、〈新しき村〉が提案された時、私は、自ら買って出る形で、その準備段階での現地折衝の役割を引き受けた。しかし、その実、心は重かったのである。地元宮崎に住みながら、〈新しき村〉は、私にとって未踏の処女地であり、また、文学的興味からも、長年のあこがれの土地であったが、そこに住む人々（杉山夫妻）のプライバシーを考える時、単なるジャーナリスティックな関心や個人的な趣味でそこを訪れることに、ある種のうしろめたさがあった。

〝自然教室〟は、いわば、その私にとっては大義名分を備えた、〈新しき村〉へのパスポートでもあった。その後、杉山夫妻とも親交のある作家の黒木清次氏とお会いした機会に、〈新しき村〉についてのいくつかの予備知識を得、また、改めて氏の労作『日向のおんな』（五月書房刊）に収録された〈武者小路房子〉の章を読み返した。このほか、河谷日出男著『おんな風土記』（赤間関書房刊）や『明治百年～宮崎県の歩み』（毎日新聞社刊）、『宮崎文学散歩』（南方手帖シリーズ）などの手近な資料が私の参考書となった。

そして、いよいよ、〈新しき村〉へ出かける数日前のある会合で山下淳氏（俳誌「流域」主宰）と会い、その場での話題にはならなかったが、別れた直後に、氏と〈新しき村〉との親しい結びつきを思い出し、その夜の電話で、全く偶然にも、氏が私たちの予定しているその前日に、杉山正雄氏を訪問することを知らされた。願ってもないチャンスというのは、まさにこういうことを言うのだろう。私は電話口の山下氏に、今度の訪問の目的を性急に告げ、〈新しき村〉の住人たちへのせいいっぱいの親愛を、メッセージとして託した。

初めての〝新しき村〟

かつて、この〈村〉の住人たちが、アマゾンという名で呼んだという小丸川上流の、大きく湾曲するその流れを扼殺《やくさつ》する形で塞き止めている県営石河内ダムのほとりで車を降り私と中島氏は堰堤の真下を横切って、〈新しき村〉の領土の一角にたどりついた。雨に洗われてすべりがちなコンクリートの傾斜を、必死の思いでよじ登りながら、私は、これから訪れる〝ユートピア〟とは不似合いな、外国の戦争映画に出てくる対独戦線のゲリラたちの行動を連想していた。

運動不足の筋力を嘆きながら、あえぎあえぎ登りつめたけもの道まがいの山道が、やや幅広い林道と出会うと、やがて、拓かれた台地の全景が私たちの視野にとび込んできた。距離をおいて望む住居のあたりは、そのまま一枚の油絵の趣《おもむき》があった。見なれた日向の農村風景とはやや異質の、信州あたりの豊かな農家を思わせるような白壁造りの建物の周囲には、よく手入れされた梨園があり、生活の場にふさわしい落ち着きのある風景である。背後の樹林は、そのまま急勾配の山に連なりその奥のあたりが、地図に見る鹿遊《かなすみ》という優雅な固有名詞の山の一部であるらしかった。

私たちは、まず、納屋のあたりで出会った一人の青年に来意を告げた。あとで紹介されたこの梅木という青年の、終始ひかえ目な態度と礼儀正しいふるまいに、私は、〈新しき村〉の伝統と、そこに集い寄る人々の、内省的な人間性とその生きかたを垣間見る思いがした。その梅木氏の丸縁の眼鏡は、現代ではもう見られなくなっている大正から昭和初期のインテリ青年そのものの雰囲気を伝えるものであり、無造作にかぶった麦藁帽子や無精ひげの表情にも、土にうちこんでいる農夫の姿勢がのぞかれた。

埼玉県入間郡毛呂山町にある〈新しき村〉へ来て五年半というこの青年の閲歴については大阪の堺の出身だということ以外に知るところはなかったが、口数少ないこの青年が、実感をこめて語った「時々よそへ出て、この村に帰ってくると、本当にほっとします」という言葉が強く印象に残った。武者小路実篤が、原始共同体的な桃源郷として建設した、〈新しき村〉が、その理念や実践とは別に、過疎という自然環境のゆえに都会に住む人々のあこがれの地になっているのも、皮肉な話である。

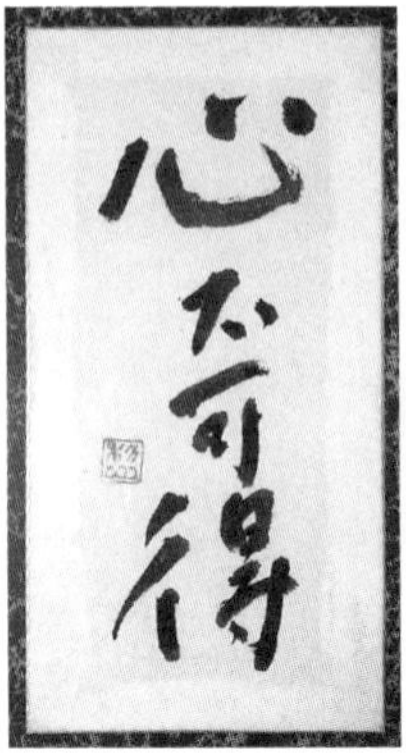

昭和50年当時の〈新しき村〉の風景(右)と杉山氏よりいただいた書(左)

杉山氏と対面する

杉山正雄氏と対座したのは、納屋の一隅にセットされたという感じの、民芸調の落ち着きをもつ応接間であった。梨園の方に向かって古風な趣をもつ明かりとりの窓が開け、木と竹と白壁の美しい調和のある空間……。ここにも都会には見られない生活のたしかな重みが感じられた。テーブルの上には豪華な画集を含めた何冊かの本が無造作に積まれ、その背文字のなかに、武者小路実篤、小林秀雄、岸田劉生らの名が息づいている。そしてその前日の来訪者であった山下氏の置土産らしい小林和作画集『天地豊麗』や福富健男句集『手さぐりの異郷』が見られた。

名刺をさし出す私に、杉山氏は、「あなたの名前には記憶がある。新聞で見たのかな、テレビだったのかな……」と、親しい言葉をかけてくれた。それが、外交辞令といったものではなく、初対面の人間を包み込む氏の温かい抱擁力として、私にはこのうえもなく嬉しく感じられた。間近に見る杉山氏は、柔和な表情のなかにも、半世紀の風雪に耐えてきた農夫の逞しさ、そして、武者小路のもとへと慕い寄っていったかつての文学青年としての知性と熱情を失わないインテリジェンスが窺われた。

「自然を守る会については、私にも意見があるんですよ」。椅子に座ると同時に杉山氏は切り出した。その杉山氏をはさむ形で、中島氏と私は、まるで旧知のような親しみを込めて卒直に意見を交わした。「そういう運動をしている人たちが、はたして、生活者としての目で自然を把えていますかね。自然は、美しいだけじゃなくって、時には恐ろしいものですよ。自然を守るということと、自然を利用するということを、どう関連づけるのか……」。杉山氏の一語一語は、鋭く本質をつき、その思考には、いささかの老いも見せない確かさがあった。

ひとしきり、自然を主題にした会話が続いた。営林署の乱伐への警告、もみじの林がパルプ材として切られることへの憤りや、観光道路開発計画、自然遊歩道計画など、〈新しき村〉が直面しているいくつかの課題にも話題が及んだ。また、野鳥の専門家である中島氏と杉山氏の間で交わされる、野鳥の生態をめぐっての話では、私はもっぱら聞き役であったが、鴨や鴛鴦の日常を話し合う二人のほほえましいやりとりの間に、私は改めて、窓外の〈新しき村〉の自然を眺め、何枚かのスナップ写真を撮った。

杉山氏の言葉の響きには、古きよき時代を生きた理想主義者の信念としての、現代文明批判があった。それはなにものにも毒されない健康そのものの思惟として私には感じられ、妥協のない人生を歩んできた杉山氏にしてはじめて淡々と語れる一つの境地でもあると思った。武者小路について語る杉山氏の口調には、いまもなお、この作家へのなみなみならぬ傾倒ぶりと、その人間に対する心服の深さが感じられた。「武者小路先生が……」「武者小路先生は……」と、敬愛をこめて語られるその言葉に、私はひとりの女性を中心に置いた愛憎とは別の次元の純粋な師弟の絆の強さを感じたのである。

「友情」「愛と死」「真理先生」など、武者小路実篤の何篇かの作品について、私なりの青春時代の爽やかな印象はあるが、私は、この作家の熱心な読者というにはほど遠い存在であった。ただ一度、二十年ほど前にこの〝白樺派〟の老大家とごく間近く接したことがある。その頃、私が中心になって計画していた校友会雑誌的性格の機関誌の題字として「道程」の二字を揮毫してもらったのである。その時は、意外に骨格の逞しいその偉丈夫ぶりに威圧されて、早々に引き退った記憶がある。

〝村〟産のひとつつみの柿

岸田劉生の描いた武者小路像から、話題は武者小路の作品に移り、杉山氏は、「土地」を武者小路の作品中第一級のものだと推奨した。それは私自身、まだ触れていない作品であった。杉山氏は「是非読んでみてください」と、手許にあった『現代日本の文学』（学研社刊）中の「武者小路実篤集」を気軽に貸してくれた（この文中における「土地」の引用は、その本によるものである）。自然論、文学論、絵画論と、話題はつきなかったが、夕ぐれに追われるように、私たちは立ちあがった。

此処は新しき村誕生の地なり
すべての人が天命を全うする事を理想として
我等が最初に鍬入れせし処は此処也

林の中に建てられた、〈新しき村〉発祥の地の石碑の前を通り、柳の繁みの蔭にある舟つき場から、対岸の堰堤のほとりまで小舟で送ってくれたのは梅木青年であった。湖の上空には二羽の鶯鴦が舞い、林のなかには野鳥のさえずりが聞かれた。舟の上では中島氏と梅木青年の、野鳥についての断片的なやりとりがあった。私は、肌に滲みてくる雨滴と真空にも似た静寂のなかで、ついに見かけることのなかった房子夫人のことを思っていた。私の膝の上には、杉山氏の好意の、〈新しき村〉産の柿のひと包みがあった。

三、二人の最後――〝ひとつの時代〟の終焉

杉山と吉田

昭和15年（一九四〇）以来、二人だけの村を守り続けてきた杉山正雄と房子だが、房子はこの時以来、一歩も〈村〉の外に出ることはなかった。「八紘之基柱」の出来たその年の宮崎の記憶にとどまって〝化石〟のような〈村〉での生活である。そして、この夫婦にも終焉の時が近づいていた。この二人の晩年に主治医としてつきあってきた木城の医師吉田隆（ペンネーム新納仁）の『村は終わった――最後の人となった房子』（近代文芸社　平成5年刊）に、杉山と房子の臨終の場面が医師らしい冷徹な描写でリアルに描かれている（吉田自身、すでに亡き人であるが、私はその生前に数度会っている）。

吉田隆は、大正13年（一九二四）木城村生まれ（この頃〈新しき村〉は開村七年目で軌道に乗りはじめ、村人も四十人ほどの人数になっている）。鹿児島で成長し、戦後の昭和26年（一九五一）に医師となり、昭和30年から木城町大字高城の現地で吉田クリニックを開業するかたわら「新納仁」の筆名で『山と川と城と』『新納院高城風雲録』などの歴史小説を書いている。木城町きっての文化人であり、

吉田隆（新納仁）の『村は終わった』（平成５年刊）の表紙

木城町文化協会会長を務め、また医師としては児湯郡医師会長、児湯郡准看護学校校長などの要職にあった。

その吉田と杉山との因縁は、共に戦前に住んでいた旅順や大連（中国東北部）のことを語り合う仲として、医師と患者という立場を超え、また、二十歳近い年の差を超えての〝同志的〟な連帯感に支えられていた。

杉山は旅順の中学校から山口の高等学校へと進み、その後〈新しき村〉へと導かれてゆく。

吉田はよく杉山と以前に住んでいた旅順のことや、大連のことを話した。広場から放射状に広がる大きな道路が整然と美しい市街を造っている大連の、近代都市として東洋一であったこと、街路樹のアカシヤの花が七月から八月の真夏の乾燥しきった晴天の空気の中に、えも言われぬ風情で白い花が咲き乱れて異国情緒をかきたてていたこと。大連神社の公園の森が内地を思い出させていたこと、大広場のエキゾチックなカトリック教会の建物、旅順の白玉山の表忠塔や旅順工科大学のロシヤ建築の白亜の校舎、日露戦争当時のまま残されているペトン製の堅固なトーチカや保塁など新市街と旧市街を結ぶ日本橋のこと（この橋は杉山の叔父が関係して出来たという）、広瀬中佐を偲ぶ旅順港のことなど話はつきなかった。

若い中学時代の話をする杉山は大きな声で興奮したように追憶をたどっていたようだった。それは多感な若い時代を東洋一といわれた都市美の大連で過し、又ロシヤ建築の全くの異国調の建物の並ぶ旅順に於て勉強にいそしみ、或時はマルクスに憧れ、或時はキリストの教えに親しみを感じつつ成長したであろう杉山が、幾星霜を経て幾多の曲折の中で苦難をのりこえて、ようやくにして安住の村ができたことをよろこぶ束の間に、身動きもかなわぬ体になり、今牀（ベッド）上に呻吟する毎日の中で旅順大連をよく知る吉田と、その話ができることは彼にとって苦痛の中でのしばらくの心の安らぎでもあったのだろう。

（『村は終わった』）

杉山氏の最期

この頃、杉山の病状がかなり進んでいたことが窺える。吉田の観察によると杉山はあまり痛みを訴えないタイプの患者であったようだが、かなり前から膝関節、手関節の変形が進み、痛みも増していったという。昭和55年（一九八〇）秋には宮崎市の原田外科病院に入院している（この時代、原田正院長は宮崎県文化協会会長を務めていたが、その前身の宮崎芸術創作家協会会長時代に、私はその下で事務局長を受け持っていた因縁がある）。

杉山の手関節の症状はひどく、煙草を吸いたくても火をつけることができず、遠慮がちな杉山は人に頼むことができずに我慢していたという。また、夕食には少量のウイスキーか酒を嗜んでいたが、吉田はこの杉山のたった一つの好みを絶つことが辛く黙認している。原田外科病院退院後は吉田が一日おきに往診して両下肢の理学療法を行っているが、膝関節の腫脹と変形が進み、ベッドに寝たままで日夜読書と眠るだけの明けくれであった。杉山の枕元には哲学書、漢学書、絵画集が幾冊も積み上げられ、「道元」なども読まれていたという。

昭和57年（一九八二）3月頃、吉田が診察を終えてほっと一息ついたところで、杉山が、

「タバコも酒もうまくなくなった。もう長くないような気がする。あとどのくらい生きられるだろうか」

と、はじめて死に係わる言葉を口にした。この頃、杉山には自分の死後の〈新しき村〉の資産をめぐる〈東の村〉とのやりとりをめぐっての心労もあったようだ（吉田はそのことを実名を挙げて具体的に書きとめているが憶測の域を出ないので、ここでは触れないことにする）。その頃の杉山の症状は吉田の筆を借りると次のような容態であった。

ねたきりになってから、両下腿にあった乾癬がひろがりそれが化膿してきた。その上栄養の低下も加わり次第に悪化してきた。吉田とそのアシスタント達は下腿の化膿をどうくいとめるかに腐心した。その処置にはほとほと困った。だが一年余りも続いたその症状は死の二カ月位前には綺麗に癒っていた。まるで嘘のようであった。両下腿にはりついていた痂皮がとれると

その下は健康な表皮になっていた。しかしその頃にはすでに両肘関節は強直性に屈曲したままで伸ばすこともできず、指もにぎりしめたままになっていた。膝関節と足関節は変形して大きくなりその外はやせ細ってみにくい変形を呈していた。殆ど食欲もなく体中やせこけ、顔も青白く昔日の面影は全くなかった。あの理知的なそして精悍な風貌はみるかげもなかった。苦痛の連続であったが、坐薬などでいたみのない時はスヤスヤと寝入ることが多かった。（同前）

その往診の度に杉山は、「面倒かけてすまない。房子をよろしく頼みます」と吉田に頭を下げた。吉田には返す言葉がなかった。

昭和58年（一九八三）に入って、4月下旬には高熱が続きすっかり食欲をなくし、夕方牛乳と卵黄二個一八〇ccを取るばかり。声をかけても眼をあけてうなずくのみ。4月28日午前5時10分、付き添っていた松田省吾から、呼吸、心拍停止の報告が入った。房子もその臨終には間に合わず、松田の知らせで起きてきた房子は、

「やっと楽になれたわねえ。ほんとにながいこと苦しんだのね」

そう言って、杉山に頬ずりした。

「平常無事」「一塵も受けず」をモットーに、日向の〈新しき村〉を五十四年間守り通してきた杉山正雄は、昭和58年4月28日午前5時10分に息を引きとった。享年80歳。

一人残されて

一人残されたのは、91歳の房子であった。その房子はかつて村の住人であった江馬嵩に送った葉書に、

「正雄は、部屋から庭に移りました」

と書いている。かねて用意されていた村の入口から直線に走る櫟林《くぬぎ》の中の「屢々空」の墓碑の中へと移ったのである。吉田を含めて房子と親しくしていた者たちは、房子が杉山の後を追って自殺するのではないかと心配したが、松田夫婦の献身的な介護で房子の〈新しき村〉での日日は続いてゆく。

宮崎日日新聞「65年目の新しき村」の特集連載第3回（昭和58年11月17日付）より。写真には「笑顔が子供のように無邪気だ」と添えられている。

この年の秋、宮崎日日新聞が「65年目の新しき村」の特集を組んでいる。〈新しき村〉の歳月を追いながら房子に焦点をあてた連載第三回は、「童女」のタイトル「奔放で波瀾の人生――自己の信念を貫く房子さん」の見出しで、32歳頃の﨟《ろう》たけた房子の写真と、子どものように無邪気に笑って

いる現在の房子の写真が添えられている。〝破顔一笑〟のこのポートレートは、これまでの「房子像」にはなかった無防備なまさに「童女」の笑顔である。

再び、吉田の『村は終わった』に戻るが、「みんな死んでしまって私一人残った……」が房子の口癖であった。一週三回吉田は看護婦《ママ》たちと厨房で作らせた弁当持参で房子の訪問看護をしている。吉田クリニックの六名の看護婦の内、お気に入りの一人には耳垢とりから爪切りまで安心してまかせた。村には野良猫が増えており、その猫たちの餌やりも看護婦たちの出番になっていたが、房子はいままでと違って誰とでも自由に話をするようになっていた。

「先生は美人の看護婦ばかり集めていて毎日がたのしいことだろう」

冗談でみんなを笑わせる房子になっていた。その反面、いつも外の人とは違ってなければ満足しない房子でもあった。九十七歳になっても毎朝眼鏡なしで新聞を読み、杉山亡きあと一軒家でただ一人過ごしていた（勿論、松田夫婦の介護があっての話である）。「房子はたしかに変わっていた。わざとのように温かいものは食べない。水が大好きだといっていた……」と吉田は書いている。

都会、特に東京周辺から訪れる人や、知名人には案外房子は弱かった。しかし横柄な態度で訪れる者や、礼儀知らずの人や、ひょっこり訪れていてしつこく質問ばかりしたり、房子の恥部ともいうべき事を質問する輩には硬く口をとざしたり、飛躍したことや、全く関連のないことを言ったりした。だから房子の実態を知らない人達には何と不遜な、威張った老婆なのだろうと批判された。あのように思ったことをそのまま言えるということは余程自分に自信がなければ言えないが房子はそれを平気で言ってきた。一部の人はそれを悪しざまに言ったり書いたりしているが、それは余りにも房子を知らなさすぎる人達であると思う。自由に思った通り、ありのままに発言できる人ってほんとに幸せだと思う。（同前）

文学者でもある吉田は、武者小路房子という女性の〝等身大〟の姿をよくとらえている。医師としての人間観察と同時に、そこにはヒューマンなまなざしが感じられるのである。

房子の最期

平成2年10月25日の朝、吉田は松田からの電話で房子の死を知らされる。

朝令をすまして診察をはじめ、一人の老人と話をしていたところ、机上の電話がなった。新しき村からだという。

「房子さんが死んだ。」

電話の声は松田省吾であった。

「ええっ。なくなったって、本当なの、どうして。」

「房子さんが死んでる。」

松田が茫然自失したような声であった。吉田は来ていた患者にことわって取るものもとりあえず西織江看護婦と車に乗った。

どうして、何故、昨日までは死ぬなんてそんな気配さえなかったのに、明るい筈の空が一瞬に暗くなったよう思われた。あわててはいけないと二十分、村に行きつくまで、どこをどんなに走ったかおぼえていない程動顛していた。助手席の西看護婦のことなど忘れたように、大声をあげて泣いたり、嗚咽《おえつ》しながら頬に伝う涙を拭こうともせず走った。今までの十三年間の房子とのやりとりが走馬燈のように思い出された。

「どうしたの、何があったの。」

玄関にかけこむなり思わず怒鳴っていた。

床の間の部屋に房子はフトンにねかせてあった。その傍らに松田が青ざめて顔を硬直させて坐っていた。何も言わなかった。

房子の顔や頭を診た吉田はこれは、と思った。左側頭部がぶよぶよに腫れ上がり、紫色の皮下出血がひどく、顔も頬部がひどく青ずんでいた。触れてみると頭は陥没骨折を起こしているようであった。左上肢は何かをつかむように、すでに硬直していた。もはや心拍も呼吸もなくすでに瞳孔は大きく拡散していた。

「松田さん、これはどこかで転倒したんじゃあない。どうなっていたの。誰がみつけたの。」

彼は放心したように、

「倒れてたの、そこの板縁の所で。」

「これは事故死だよ、どうする。」

「どうにか普通にできないだろうか。」

しばらく沈黙が続いた。吉田は考えこんだ。世間体もあるだろうし、その上房子が可哀相だった。

吉田はどうしようもなくこみあげてくる嗚咽と慟哭の中で、西と二人で死後の処置をした。房子の顔に苦痛はなかったが紫色に腫れ上がった顔が憐れでならなかった。硬直した左上肢を正常の位置にもどすのになかなかであった。（同前）

臨場感のある吉田の筆致である。吉田の判断では「左側頭部打撲ニヨル陥没骨折。脳内出血」であったが、死亡診断書には「老衰死」として処理された。吉田は10月30日付の宮崎日日新聞に「さようなら武者小路房子さん」の題で追悼文を寄せているが、その見出しは「芯の強さに敬服」。「房子さんの冷えていく手を握りしめながら、大事な人を失った思いで嗚咽を止めることができず大声で泣いた。またしても『新しき村』の偉大な最後の塁が消えた。『新しき村』の終焉であろう」。ここには主治医としての〝立場〟を超えた友人としての、隣人としての痛切な思いが込められている。

また、房子の死の翌日の宮崎日日新聞(10月26日付)には、「理想を求めた夢多き一生――在りし日の武者小路房子さん」の大見出しで、新婚時代の実篤・房子夫妻、「新しき村」に出発直前の武者小路親族(母秋子がいる)の送別会、福井県大野郡の房子の実家(見るからに豪邸)、劇団〈ゲーテ座〉時代の有楽座楽屋での房子(これは珍しい)、在りし日の杉山正雄との一齣、最晩年(昭和58年秋)の房子、とほぼ一面を使っての写真グラフ構成となっている(恐らく予定稿として準備されていた資料であろう)。「新しき村」を中心とする木城町の文芸誌「季刊鹿遊《かなすみ》」(昭和52年創刊　松田省吾編集)は平成2年8月20発行の第二九号を「武者小路房子追悼集」として、新納仁(吉田)や各同人が房子への「追悼文」や短歌、随筆を寄せている。

追悼杉山正雄

ここで再び杉山正雄に戻るが、吉田は房子への追悼文の冒頭に、次のような杉山の言葉を引用している。「平常心、昔日はこのところよりさり。今日はこのところよりきたる。さるときは曼天さり。きたるときは盡地きたる、これ平常心なり。一行子」。一行子は杉山正雄の号である。

「新しき村　杉山正雄追悼号」
（昭和58年発行）

杉山の死後、財団法人新しき村（本部埼玉県毛呂山町）から発行されている月刊「新しき村」9月号（昭和58年）では「杉山正雄追悼号」が組まれている。表紙裏に杉山の遺影、扉には「無心」の揮毫、巻頭の武者小路実篤の「土地（抄）」に続いて杉山の遺稿「白磁の花瓶」が、旅順中学五年生の頃の学生服のポートレートともに収められている。

百ページ近いこの号の五十人に及ぶ執筆者が〈新しき村〉ゆかりの人々であることは勿論だが、武者小路辰子（実篤の三女）の「素描偕老同穴」、上田慶之助「日向弔問」、根津与「杉山正雄兄を想う」、松本広吉「杉山を悼む」、江馬嵩「天命を全うした男」、前田伍作「日向新しき村の星」、直木孝次郎「杉山さんと日向の村」、渡辺貫二「池畔の墓碑」など、古い会員たちの〝親友杉山〟への追想に加えて、阿万鯱人、山下淳、新納仁、井上信一、江藤睦美、黒木八重子ら宮崎からの寄稿が目につく。最後まで杉山に尽くしてきた松田省吾による〝臨終記〟「美しい田園に」が胸を打つ。

寝床の中が杉山さんの日常となった昨年初めの頃は、まだご自分で起床でき、手洗いにも歩いてゆかれる容態でしたが、漸次運動量が少くなりまた困難にもなって、手も脚も不自由な身となったのはこれは本当に、何とも言うことができませんでした。杉山さんのこと、杉山さんとのことで、僕の生涯に出逢い重なりを持った思い出は少くないこと当然ですが、なかなかすぐには書き表すこともできない。けれど、人の死は人の生まれてくるよりも衝撃で、事実の重みが、いつまでも続く。うなってしまう。杉山さんの全生涯が日向の村に貫かれたことを気高いと僕は思う。全てを容れて、自然に順応して、しかも忍耐と精励、そして苦中に晏如《あんじょ》を得る、勇猛の歳月であったのだ。本当にそのことを知るのは杉山さんのみ。

〈中略〉

御臨終は朝方だった。丸一日程、水も飲まれなかったので、これではいけないと思い、どうぞ飲んでくださいと祈るようにして、口へ当てたら、夜中の二時頃から四時頃まで、吸い呑みで三杯も飲んだ。これはいい、元気になられるかもしれないと思うとまもなく、それまで不規則だった呼吸が間歇的に、止んでる間が長くなりはじめ、しだいに呼気と吸気が小さくなり、ついにピタリと口を一文字につぐんで、眼を見開いて僕を見つめているような感じで、息切れてしまわれた。荘厳。合掌し、すぐに房子さんに伝えた。解っていれば、以前にお知らせもできたのだが、眼を離すわけにはいかず、夢中だった。房子さんは目が覚めて居られたから、すぐに起きてこられて、まだ温もりのある杉山さんの御顔に頬を寄せ、額を撫でてあげたり、語りかけ、また黙して、御別れの時を過ごされた。僕は泣けた。やがて、よくしてくださった医師吉田隆さんに電話をし、来てくださり、ありがたかった。（松田省吾『美しい田園に』）

杉山正雄は、（のちに房子も入るが）村の北の隅にある池畔の樹齢百年を超える大木の下に生前用意されていた「屢々空」の墓碑銘のある墓所に眠っている。松田によると「論語」が出典、この碑文はもう病床で筆を揮《ふる》うことが困難になっていた杉山と相談して、昭和二十年代に書かれた板書から写しをとり刻まれたものだという。杉山は「もう若い時の（字）だから元気はいいね。それにしよう」と松田に言い、「シバシバクウと言うより、シバシバムナシと読みたいね。クウというと、エライ坊さんが言うような感じが……」と、松田は書いている。そして「陶淵明の中の詩の中に僕は見たことがあった。やはり、屢空（しばしばむなし）で使われている」と松田は付け加えている。

杉山夫妻の眠る墓

「杉山正雄追悼号」の中でも、特に印象深い一編として詩人永見七郎の「独りでも村である」がある。

今年の村の祭りで最も感銘したのは、十一月十四日の涵徳亭の集まりで、杉山正雄兄の発言であった。

彼は「日向の村は自分と妻との二人きりだが、村だ。いや、独りでも新しき村である」と喝破した。

このことは、彼が如何に深い信仰に燃えて日々を送っているかを示して、正に権威ある言葉であった。

記して反骨の資とする。

（永見七郎「独りでも村である」）

「独りでも村である」は、阿万鯱人の労作『一人でもやっぱり村である』に引き継がれて、すぐれた「杉山正雄伝」として完結している。その阿万は杉山の死に寄せて西日本新聞に「ひとつの時代が終わった」と題する心のこもった評論を寄稿している。

杉山正雄こそ〈新しき村〉という武者小路イズムを全身で受けとめ、真正に実行していった〝使徒〟であったと思う。〝追悼文〟の中で古い友人の江馬嵩が綿々と書き連ねている「天命を全うした男」、その男が杉山正雄である。

第七章

百年目の〈村〉

——二つの村の〝現在〟を訪ねる

〈村〉を見おろす前坂に建つ実篤の文学碑の前にて、著者

一、〈理想郷《ユートピア》〉は、いま――百年目の〈日向新しき村〉

前坂で

〈日日新〉〈友情〉いかにも文学的なネーミングの隧道をくぐり抜け、山坂の道は石河内へと入ってゆく。〈新しき村〉へのプレリュード（序奏曲）は「前坂」に始まる。パッと視野が開けると眼下に展《ひろ》がる光景は、百年前（大正7年）に武者小路実篤ら四人の〝先遣隊〟がやっとの思いで辿り着いた、あの理想の土地木城村（現木城町）石河内字城の地〈新しき村〉である。

山と山とが讃嘆しあうように
星と星とが讃嘆しあうように
人間と人間とが讃嘆しあいたいものだ

あまりにも有名な実篤の詩句を刻んだ文学碑（昭和45年〈一九七〇〉建立）が建っている。この場所

現在の新しき村（写真中央の台地。右は石河内集落）

から見渡すパノラマは、一幅の東洋画にも似て、早春のこの日紫陽花いろの空の下で、まさに「山と山とが讃嘆」しあっているようであった。この地点に立ったのはもう何年ぶりのことになるのか。いま目前にしている鹿遊山麓の〈新しき村〉の全景は、以前に見た湾曲する小丸川に舌状に突き出ていた半島の先端部分が、繁茂した目前の木立ちに隠され左右に分断された川面が湖の形に見えてくる。

この位置に立つと、改めて思い出される一人の作家の貌《かお》がある。『一人でもやっぱり村である』の著者阿万鯱人である。すぐれた小説の書き手であると同時に「新しき村」研究の第一人者であったこの先輩作家と、何度かこの場所に立ち川向こうの、どこか北欧的な彩《いろど》りのある〈村〉を望みながら、武者小路実篤や千家元麿を論じたことがある。その阿万の代表作の一編に「前坂で会った男——千家元麿幻想」（『阿万鯱人作品集』収録）という印象的な短編がある。

この作品は『一人でもやっぱり村である』の六年後に書かれているが、阿万の〈新しき村〉への執着と、その理解の深さを示す象徴的な作品である。「語り残している一つの風景がある」の書き出しから小説は始まる。執筆のその前年、阿万は東京から出向いて来た著名な作家S（阪田寛夫）の求めで、一夜大淀川畔のホテルで食事を共にしながら、『一人でも……』の内容についてかなり突っ込んだ取材を受けている。

この時に話題になった千家元麿のいわゆる「三日事件」をヒントに、阿万らしい考察を独特の重厚な筆致でまとめた幻想的な作品が「前坂で会った男」である。「三日事件」とは、大正8年（一九一九）の3月から4月にかけて実篤が各地の支部を回り、入村希望者を募って帰村した折に、同行してきた詩人の千家元麿が在村数日で姿をくらまし〝一騒動〟あったというハプニングである。その千家の人柄について房子は「わたし千家ってだあいすき……」と評価していた。

千家家は出雲大社の宮司職、元麿の父尊福は西園寺内閣の司法大臣を務めた政界の大物だったが、元麿は庶子（私生児）、その母豊は美貌の閨秀《けいしゅう》画家という数奇な生い立ちで、その生涯も〝破滅型〟詩人の一典型を示している。阿万は、復員後初めて訪れた〈新しき村〉の印象や杉山正雄との出会いを回想する形で、この「前坂で会った男」に千家元麿という詩人の幻想を重ねている。

僕は疎《まば》らだが、腰のあたりまで伸びた芒《すすき》を掻き分け、四、五歩の距離をすすみ、亀の頭のような形を見せて浜口ダムに浮かぶ〈日向新しき村〉のある風景を俯瞰《ふかん》しながら、かつての一行と同じ心の高ぶりをおぼえ、喉をついて出るように思わず声をあげたことを忘れ得ないでいる。ただ歩いている左手あたり、赤茶けた面を晒してゆるい傾きをつくっている表土のわきに、大きな山椿が植わっているのを感じ取り、同時に根元にある白っぽい物体を、そのとき視覚の隅に留めた。しかしそれを覆ってなによりも、眼下にひらけた小丸川のダムに浮かぶ〈村〉のある風景に、僕は心奪われていた。

何分後か、（あるいは何秒というほどのもっと短い時間だったかもしれない）眼下の風景にいちずにこだわっていた視線を椿の根元に向けたとき、白い絣の着物の裾をはだけ、すてこを履いた長い感じの脚を蝗虫《ばった》のようにへの字にまげ、木に寄り掛かり、眼下の風景を見ている中老男の居るのに気づいた。

縁の撓《しな》ったうす黄色のソフト帽をあみだにかぶった下に、長めの顔が鈍い動きを見せて、こちらに向けられた。

帽子の下の顔といっとき真向かうかたちになった。〈中略〉

鼻梁の中ほどがすじ高に盛りあがり、輪郭が光線のためか、白い蛍光塗料で縁どりされたように際立って見える。見開きにある詩人の彫り深い顔が、僕のなかで次第に鮮明なかたちに整いはじめた。しかしそのことは内部におしこめたまま、僕は荷馬車で、眼下に見た風景のある石河内部落に降りていった。

　この日をきっかけにして、杉山正雄夫妻との三十年余の交際が始まるわけだが、初訪問の時は勿論、なにかのことで元麿のことが話題にのぼることがあったときも、前坂で会った一件を殊更に話柄にのぼせたという記憶はあまり無い。

（「前坂で会った男」）

〈村〉へといざなう櫟並木

松田省吾氏との再会

「前坂」から石河内の集落を抜け小丸川の支流にかかる橋を迂回してようやく〈新しき村〉に入るこのコースは、私にとっては初めてであった。以前は集落のはずれからすぐ小丸川を越える橋があり、山沿いの狭い取付け道路が〈村〉の櫟の並木につながっていた。おそらく二十年近くのブランクをはさんでの〈新しき村〉であったが、〝帰郷〟の気分にも似たある懐かしさがこみあげてきた。足は自然に杉山正雄・房子の住居があった方向へ向かっていた。

　だが、目に飛び込んできたのは無残な廃屋。「新しき村武者小路実篤旧居」の表札のある玄関も、ほとんどその昔の形状をとどめてはいない。その奥には物置き同然の廃材や家具の一部が覗かれるが、この上がり框《かまち》で正雄・房子のご両人と対座した遠い日の思い出が甦り、改めて〝歳月〟の残酷さを思い知ったデジャ・ビュの一瞬でもあった。

かつて〈村〉の最盛期（昭和初期）〝村内会員〟は六十人を超え、劇場兼食堂、浴場、印刷所などの建物が立ち並んでいた頃、実篤・房子の在所であったこの家屋は〈村〉のシンボルであった。大正期に建てられたこの象徴的な建物に代わって、同じ間取りの〈記念館〉が復元され、ミュージアム兼迎賓館の役割を果たしている（平成13年完成）。

実篤の旧居。今は廃屋と化している。

作業場に接したログハウスのあたりで〈新しき村〉代表の松田省吾氏と会う。ほとんど十数年ぶりの再会であるが、その笑顔の対応も昔のままだ。最も頻繁に会った時期には石河内から宮崎のわが家までバイクでやって来て、夜遅くまで語り合い書の揮毫を乞うたこともあったが、昨今はやや疎遠になっていた。私はいまでも「省吾さん」と呼びかけている（わが書斎の自慢の本棚は、二十数年前に省吾さんに頒《わ》けてもらった〈村〉のべにたぶや桜材を使っている）。

松田省吾の〈新しき村〉入村は昭和44年（一九六九）26歳の時である。平成12年（二〇〇〇）、日本経済新聞文化欄（9月26日付）に松田は「生き続ける実篤の理想郷」の題で〈草創の地・日向新しき村〉への思いを吐露している。そのなかで自らの生い立ちと〈新しき村〉への動機について、「私は函館生まれで少年期に両親は逝き、中学校を卒業するとすぐ就職した。翌年夜間高校に通ったが、18歳で自立を目指して家を出て知りあい一人いない東京へ行った。住み込み店員、アルバイト、学校職員をしながら高校、大学の夜間部に通った。社会科の教員資格を取得したが、食べ物の生産や農山村のことを知らないでは生徒に失礼だと思い、農山村で五年ほど勉強をすることを決めた。『新しき村』を知ったのはそんな時だった」と語っている。

十数年ぶりに再会した新しき村
代表の松田省吾さん（手前は筆者）

〈東の村〉では酪農係、洗卵係、鶏フン係などの厳しい仕事ほどやり甲斐を覚え、工夫するのが楽しかったという。入村一年後に同期で幼稚園担当の豊田ヤイ子と結婚。昭和51年（一九七六）に〈日向の村〉へと移っている（妻ヤイ子は一年遅れ）。このカップルの〝武者小路実篤〟への帰依とたくまざる行動力がその後の〈日向の村〉の原動力となっていった。献身的に正雄・房子夫妻を支え続け、その亡きあとには、まさに〝遺髪〟を継ぐよき後継者として〝武者小路精神〟を実践してきた〈新しき村〉（東の村を含めて）の主柱であることは誰しも疑わないことであろう。

松田省吾の活動は村内の日常的な農作業にとどまらず、毛呂山時代に試みた有機農法をこの石河内でも実践している。手法的にはダムに溜まった腐葉土に着目。この地域で盛んな焼酎作りの際に出る廃液と混合した肥料を田畑に施肥してゆくのである。松田はこの地方の農業指導者としても高く評価されている。また、地域学習の中でも松田の存在は大きく、石河内小学校や中之又小学校（現在は廃校）での自然体験学習や美術・工作にもユニークな講師として貢献している。

一方、松田はすぐれた文筆家であると同時に書家、イラストレーターとしてのアーチストの活動領域を持っている。木城町の文芸誌「鹿遊《かなすみ》」の編集人としてこの地方の文芸復興の一翼を担うとともに、書家としてケヤキ、コウヤマキなどの板に流麗な書体での書作品を制作し、宮崎市の画廊〈日向路〉などで発表してきている。好んで実篤の詩句をモチーフにしているが、自作の味わい深い短詩も親しまれている。

〈村〉の空気をとじこめた「記念館」

〈村〉の中央部の高台にある〈記念館〉には、落成直後にも一度訪れているが、すでに印象は薄

肉質のよさが評判の“新しき村豚”

れている。〈記念館〉に近づくとすぐ近くでまるまると肥えた豚が飼育されている光景にぶつかった。省吾さんの説明によると、この〝新しき村豚〟はその肉質が評判をとり引く手あまただという。現在十数頭だが、その堂々たる巨体（一〇〇〜二〇〇キロ）に目を見はった。専門業者に処理された肉は東京の高級レストランに引き取られている。

明るく陽光に満たされた〈記念館〉内部はまさに〝武者小路づくし〟。武者小路作品についてはいまさら説明するまでもないが、ここには数々の〝お宝〟が実に無雑作に展示されており、床の間や壁面は勿論、あの独特の〝武者流〟の書画がところ狭しと並んでいる。中でも目につくのは実篤90歳（死のその年か、その前年）の時に揮毫された「共に咲く喜び」「桃栗三年柿八年達磨は九年俺一生」の扁額や、欄間に架けられたロダン作の「ベートーベンのデスマスク」（ブロンズ）などである。

その実篤作品の傍らに屏風仕立ての房子のざれ歌的な作品があった。昭和63年（一九八八）8月8日の日付入りで「房子九十七歳」の署名がある。この作品もまた、死の前年に書かれている。房子愛用の菊の紋様をあしらった塗り物の文箱の一点も印象に残った。

実篤が敬愛したロダン作「ベートーベンのデスマスク」

記念館には、実篤の書画や書籍、村の歴史的資料が所狭しと展示されている。

この〈記念館〉の内部には実篤、房子が共に健在であった頃の〈新しき村〉の空気が閉じ込められ、ありし日の〝夫婦《みょうと》〟の咳《しわぶき》が浮遊している空間があるように思えた。

〈遺跡〉探し

〈記念館〉を出たあと、省吾さんの案内で〈村〉をひと巡りする。私の希望は〝百年前〟（開村当時）の〈村〉の様子を偲ぶ〝遺跡探し〟であったが、往時を偲ばせる建物はあの「実篤旧居」のみ。いまは変哲もない農地の一角に立った省吾さんが「ここが印刷所跡ですよ」と地面の一角を示した。「岩波文庫」に先立つ二年前、この〈新しき村〉の出版部から実

松田さん（左）の案内で、村をひとめぐりする

篤がドイツの「レクラム文庫」にヒントを得たという〈文庫シリーズ〉が刊行されている。このことはわが国の出版史の上で特筆される出来事であった。

大正14年（一九二五）には、劇団〈ゲーテ座〉が旗上げし、印刷所の仕事が始まり、「村の本」第一輯が陽の目を見ている。実篤による「新しき村の現状」（通信第三号）によると、「人数赤坊よせて四十人位、内女十人、子供赤坊四人、最初から居る人男三人、女一人、四年以上居る人が他五、六人、労働時間六時間　毎日一日例会　毎週木曜の夜相談会、演説会および芝居……」と記録されている。

同年に撮られている「村中心部」の俯瞰写真が残されているが、上の城の一筋の往還をはさんでかなりの建物があり、その最盛期には五十人を超す村人たちが農業に勤しみながら、それぞれの分野の芸術活動に取り組んでいた（その中心に川島伝吉や野井十がいた）。そのありし日の情景を想像するには、このガランとした空間はむしろ怨《うら》めしいほどの明るさであった。

省吾さんに、実篤生誕百年を記念して建てられたという「無心」（実篤直筆）の詩碑の説明を聞く。

「無心」の碑。左はこの側面に刻まれた実篤の書（永見七郎書）

その石碑の右の側面には、

「死んだらもう何も出来ない
出来なくても平気だ
無心の極《きわみ》は
それでいいのだ」

という実篤の詩が、会員で詩人の永見七郎の書で彫られている。永見も最後まで〈村〉を見守った文学者であった。その石碑からダラダラ坂を下ってゆくと、かつては舟着き場であった川べりに通じる小道があり、その昔はテニスコートであった広い場所に出る。

「新しき村誕生の地なり」

中ノ城と呼ばれている竹林の前に実篤の書体で刻まれた石碑（昭和43年〈一九六八〉建立）がある。

此處は新しき村誕生の地なり　すべての人が天命を全うする事を理想として　我等が最初に鍬入れせし處は此處也

新しき村の誕生の地を宣言する碑

まぎれもなく〈新しき村〉発祥の地であり、〃百年目〃を迎えた〈村〉にとっての「聖地」ともなっている。「我を生かす」実篤のその言葉を実践している松田省吾さんには、何らの気負いも野心もない。〈村〉のあちこちにトラクターやユンボなどの動力が見かけられるが、すでに74歳の老齢に達しながら、省吾さんの五体から発散される逞しい農夫としてのオーラが感じられる。

今年はじめの「新しき村」（平成30年2月号）に「日向の村より。成功でも失敗でもなく」の題で書かれた省吾さんのレポートがある。〈日向の村〉の現在を示すにふさわしい一文である。

新しき村が誕生してから百年になる。百年かどうかは別として、いま新しき村は消えていないで在るということはありがたい。僕が入村しまあ五十年経っている。それを思えばそれ以前の五十年間もそれほど昔のことではなく、村の先達先輩の方々が親しく想い出され思われる。さらに大正七年の五十年前は明治維新・文明開化の世であった。つまり今から百五十年前は、まだチョンマゲで歩いていた人もいた。

〈中略〉

自分が入村させていただくとき、そしてその後も、新しき村を成功させたいとも失敗させたくないとも思わなかった。

新しき村というものに僕はありがたいと思っている。楽観も悲観もしていない。成功とも失敗ともいえない。

するだけのことはしました
あとはあたなにお任せします　神よ
何だか知らないが　私は何かに任せるのだ
実篤

新しき村というものは理論によって構築しようとすればそれはどこまでも徒労にすぎず、実践によってこつこつとたち向かえば、その人なりの成長成熟の果実が感じられるものではないか。

（「新しき村」平成30年2月号）

二、〈新しき村〉はいま――〈東の村〉から

毛呂山《もろやま》の地

埼玉県入間郡毛呂山町葛貫の地に〈東の村〉が誕生したのは昭和14年（一九三九）9月のことである。それ以来、〈新しき村〉は〝日向暦〟と〝埼玉暦〟の二つの歴史を同時進行の形でかかえてゆくことになる。つまり〈新しき村〉五十周年（昭和42年）は、〝埼玉暦〟では二十九年目に当たり、百周年の今年は七十八年目という計算になるのである。しかし、現在では埼玉が〈新しき村〉の主力（本部）となっており、〈東の村〉の表現はすでに死語化している。〈新しき村〉の原点であった木城の村に〈日向〉の冠がつくようになっている。

毛呂山の地名はユニークである。私の中ではなかなかなじみにくく、心の中では「ケロヤマ」と呟いているが、その位置関係は埼玉県の中西部、東京の西多摩寄りに位置し、平野と山岳地帯に二分されている埼玉県の平野部のはずれから秩父山系へと入ってゆく越生《おごせ》、日高の中間点あたりに広がる入間郡の中心の町である。現在の人口（平成30年6月調べ）は三万三九九二人。かなりの

規模の地方都市であるが、この町を通過している東武越生線とJR八高線にはさまれたゆるやかな丘陵地帯に〈新しき村〉は位置している。

現在での、〈村〉へのアクセスは、東京からだと池袋から東武東上線坂戸駅乗換え、同越生線武州長瀬駅下車徒歩二十五分、JR八高線毛呂駅下車徒歩四十五分（「新しき村美術館」リーフレットから）という不便さなのである。「東京から近い場所」という実篤の希望によって選ばれた〈東の村〉であるが、開墾に着手した往時の村人たち（村内・外）の労苦が偲ばれる。勿論、現在にあっては自家用車やタクシーで乗りつけられる〈新しき村〉の存在価値もすっかり様変わりしており、毛呂山町の広報「もろやま」には「新しき村美術館」を訪ねるバスツアーへの参加者募集の記事が出ている。

〈東の村〉での実篤の行動について触れた関口弥重吉（昭和27年入村。私も面識があった作家で編集者）の文章がある。

それは昭和二十五年の東の村（埼玉の村をそう呼んでいた）の創立記念の会であった。（村のお祭りが済んで）その夜先生は村へ泊まる。宿所は村の丘の中央に建てられた増田荘という建物であった。それは村の集会場として先生の設計で作ったもので、太い丸柱に白壁の質朴で大きな風貌をもった建物だ。正面は梁までの高さで左右一ぱいに開く観音開きの大戸になっていた。天気の好いお祭りの日には、その広い板の間が舞台になって、集まった観客は村の人たちがやる芝居を戸外で観た。演劇も日向の村からの伝統であった……。（『心にある村』）

関口はこの日の前後の画に向かう実篤の様子を繊細な筆致で描写しているが、特に実篤の「茗荷」についての思い入れについて、「茗荷を見るとわが母を思ふ　母は茗荷を好みしが我等兄弟の無事に育つ為に神に茗荷を絶つことを誓ひ　その後茗荷を食べ玉はざり」の詩を紹介しながら、画のモチーフとして「茗荷」にこだわりを示す実篤をじっくり観察している。多分、この時に描かれた作品であろう「茗荷」（一九五〇）の色紙作品が、〈東の村〉の新しき村美術館に収蔵されており、今回の訪問でじっくりと観賞してきた。

ここには〝生活〟がある

筆がそれたが、本題はここから始まる。私が毛呂山の〈東の村〉（現在では使われていないが〈日向の村〉との区別上、この表記を使いたい）に足を向けたのは今年（平成30年）の梅雨の季節であったが、高齢と体調不調も重なって到底単独での〈東の村〉訪問は不可能であった。幸い、長男の夏樹がさいたま市（旧大宮市）に住んでおり、ベースキャンプも兼ねて夏樹のサポーターを頼んでの今回の〈東の村〉紀行となった。この日は、妻久子と夏樹夫婦の四人で降りしきる雨の中を荒川を越え川越経由で毛呂山を目指した。

　私に、このあたりの土地勘はまったくなく不案内の武州の旅である。しかし、地名にはなじみがあり、その歴史風土についての若干の予備知識があった。特に行く手はるかに位置する秩父盆地は、私の敬愛してやまないいまは亡き俳人金子兜太の故郷であり、その死に大きな衝撃を受け、まだ日浅い時期の〝取材行〟でもあり、もし時間的に許されるならばその秩父へも乗り入れたい願望があったが、今回の日程では望むべくもなかった。

〈新しき村〉の入口に立つ詩柱

　平坦な地形の変哲もない風景に飽きてきた頃、夏樹宅を出発して二時間ほど経過した午前十一時、私たちはようやく〈新しき村〉の入口に立った。雨は小やみなく降りつづいていたが、そこはいかにも〈新しき村〉のその名にふさわしい鮮度のある風光に包まれていた。道の両側には「この門に入るものは自己と他人の」（右側）「生命を尊重しなければならない」（左側）の、セピア色の柱に白字で書かれた詩柱（昭和28年〈一九五三〉建立）が、訪問者を村の中心

新しき村生活館

バンガロー

新しき村美術館

増田荘

部に誘うように立っている。

やや進むと〈村〉の歴史の中で度々紹介されている「増田荘」と三角屋根のバンガロー（村で最初の建築物）が見えてくる。新しき村公会堂と新しき村美術館のあるそのあたりが〈東の村〉の中心地である。「新しき村作品展」の表示のある生活館の前で最初に出会ったのは、掃除をしている初老の女性であったが、寺島理事長の所在を尋ねても愛想がなかった（胡散《うさん》くさい奴と思われたのだろう）。次に公会堂の入口で会った本間健史氏（昭和38年〈一九六三〉入村。山口県出身）は、初対面にもかかわらず非常に好意的で、作業中の寺島理事長と連絡を取ってくれた。

生憎、この日（日曜日）休館中の新しき村美術館を特別にあけて、こちらの来意を快く汲みとってくれた本間氏の好意はありがたかった。短い時間ながら本間氏から〈東の村〉の現況についていくつかの知識を得ることができた。

寺島洋理事長（左）と（右は筆者）

最盛期五、六十人はいたという村人の現在員が僅か八人だというのは予想外であった。寺島洋理事長と対座したのは、美術館の事務所兼理事長室であった。宮崎出発前に〈日向の村〉の松田省吾氏を通じて連絡済みという思い込みがあったが、行き違いがあったらしく、突然の訪問客への戸惑いの表情が読みとれた。

この寺島氏については、前日訪れた調布市の武者小路実篤記念館でのＤＶＤによる〝予習〟で、その人相人柄についての予備知識があったが、小柄で温和な農夫といった初印象で、万事控え目な応答であった。昭和38年（一九六三）21歳で入村（富山県出身）、特に椎茸栽培の専門家として〈東の村〉に貢献している。一時〈日向の村〉にも出向して、杉山正雄の薫陶を受けてきた人物である。〈新しき村〉の五代目の理事長としてこの困難な時代の〈村〉の運営に当たっている。

僅か一時間ほどの対面で〈東の村〉のすべてを掌握するなどできない相談だが、この埼玉毛呂山の現地に赴き、そこに根を下ろした村人たちと触れあったこの刹那の収穫は大きかった。この時間、村の創立五十周年を記念して建てられたという公会堂（食堂兼用）では昼食の準備が進められており、賄い担当の本間容子さんが忙しく働いており、〝生活の場〟としての〈東の村〉を実感させられた。公会堂はまた、サロンとしての役割、物品販売所として多角的に使用されているが、そのステージでは実篤を中心にした〈新しき村〉の華やかなイベントが繰り広げられた場所でもある。

〝養鶏日本一〟の栄光も

その昔、この〈東の村〉は〝養鶏日本一〟の栄光に輝いたことがある。村の養鶏の歴史を辿ると昭和二十年代に遡るが、軌道に乗るのは三十年代に入ってからである。

昭和35年
・5月7日　養鶏係待望の一日産卵重量百キロの記録出る（一万八千余個）
昭和36年
・大雛舎六十坪　成鶏舎八棟　その他新増設　一万羽養鶏計画　五年目に計画上回る

昭和38年
・6月1日の産卵五千個に達す
昭和39年
・第一次一万羽養鶏（五百羽を十年で一万羽にする）は計画より一年早く本年実現　年末成鶏一万四百七十二羽　未産鶏五千六百余羽
昭和40年
・3月末　東新鶏舎設備全部完成　成鶏舎二十三棟　ケージ一万五百六十羽
・ちょうどこの頃長く続いた卵価安の反動で養鶏好況がきた。しかしその後、養鶏に赤信号が灯る
昭和45年
・マレック病の後遺症などで養鶏開始以来二十年来初めての不振
昭和46年
・飼料高・卵価安の一般的不況の中で養鶏は計画の二倍の収穫を得、愁眉を開く

その後、〈村〉では椎茸栽培に力を注ぎ、昭和49年（一九七四）原木六千本、椎茸は直売で処理されている。養鶏も洗卵を農協に任せ〈村〉は生産に専念してゆく。この時点で年間の産卵個数は九五四万余個に達している。すでに半世紀前の記録を拾ってきたが、現時点での養鶏、椎茸栽培

の現場がどうなっているのか、寺島理事長に聞かずじまいで〈東の村〉を辞した。手許に〈東の村〉全域の平面図があるが、この広大な土地に八人の村人、しかも高齢化の進む〈東の村〉での農業実践の限界はすでに見えている。

一九九九年発行のパンフレット「新しき村の現状」によると（一部記述を省略）、

土　地　一〇ヘクタール

村内生活者　数年来三十名前後（七家族と独身者）

村外会員　約七百人（漸増している）

耕種農業　水稲田四ヘクタール　果樹園を主体に栗など若干。椎茸　特製パン　野菜など共同出荷

採卵養鶏　年間平物採卵鶏約二万羽　収入六千万円程度

建　物　公会堂兼食堂（五八〇平方メートル）　美術館（二五〇平方メートル）　生活館（二〇〇平方メートル）　アトリエ、茶室、作業場、畜舎等八十八棟（人員労力の減少で遊休施設がでている）

生活状況　三十人前後の生活費　税金等を含めて一人平均年間百二十六万円程度。普通の状態では大体収支のバランスは安定している。労働は週休六《（原文ママ）》時間労働を目標にして、年間平均で大体支障なくすんできたが、最近は困難になってきている。

となっている。二十年前の〈東の村〉の〝現状〟であるが、明らかにこの頃から〈新しき村〉の斜陽化は急速に進んでいったと考えられる。このパンフレットの「新しき村八十余年の歩み」の一九九九年の記述は次のようになっている。

一九九九年（平成11）十数年来入村者の数は変わらずあるのだが、おちついて村の進展に役立つ人がなく、結局人員が半減以下になり、我々は村の生活を心から喜びながら、村の発展に寄与できる人の入村を熱望している。特に周辺の環境変化により水稲作が再び村の柱になる状況なので、これに熱中する人なら間違いなく自他共生の大道を歩くことができると思う。そしてうまくいけば日本農業の新しい光となることも可能な状況になっている。

（パンフレット「新しき村の現状」）

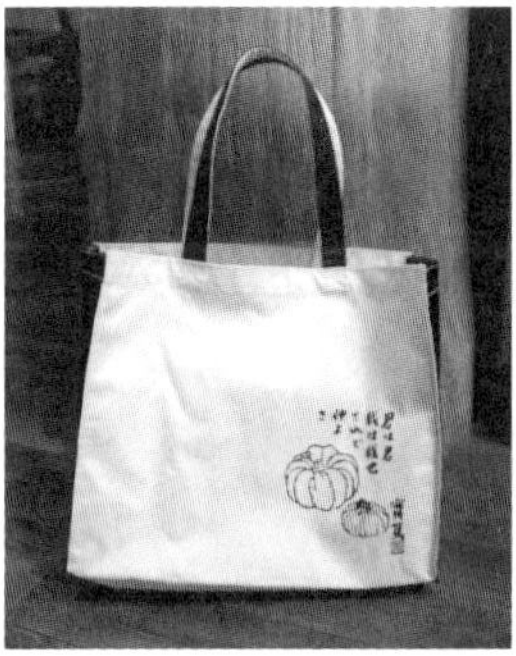
実篤書がプリントされたトートバッグ

降雨という悪条件もあったが、私自身の肉体的な制約を考えると、この広大な〈東の村〉を周回する気力もなく、僅かな点と線との取材に終わったが、村の風景をカメラに収め新しき村美術館の収蔵作品に触れたことが、私のせいいっぱいの〝取材力〟であった。帰りの私の手許には南瓜のデザインに「君は君　我は我也　されど仲良き」の実篤書がプリントされたトートバッグの中に、泰山焼の小皿と新しき村の銘茶があり、それで十分私は満足であった。

〝友情〟都市

帰途、思い立って毛呂山町の中心にある町役場に寄った。〈東の村〉を持つこの毛呂山町と〈日向の村〉を持つ木城町が〝友情都市〟の契りを結んでいたことは最近知ったことである。それもこの二つの町が「新しき村百年」を記念して造ったという酒の話題からである。木城産の「ちほのまい」という酒米を毛呂山の麻原酒造で醸造して出来上がった純米吟醸酒〈城～不落の城〉とスパークリング日本酒〈Ａｌａｂａｎｚａ（アラバンサ）讃嘆〉がそれである。主にふるさと納税への返礼品として生まれた酒とのこと。

毛呂山役場の庁舎に入ると、ロビー正面の目立つ場所に「宮崎県木城町友情都市締結」の一コーナーが設けられ、額縁入りの締結書を中心に両町のパノラマ写真が飾られ、その真上に「友情都市の契り」と書かれた扁額風な松田省吾氏の書が架けられている。堂々とした書体によるマニフェストである。この毛呂山町での〈新しき村〉についての位置付けについて、もっと知りたいと思った。単なる観光目当ての〝目玉〟なのか、武者小路実篤の理念への共感なのか。

総務課を訪れ、窓口の女性職員に来庁の趣旨を告げると課長補佐の肩書きを持つ田辺和宏氏が対応してくれた（町長に面会を求めたかったが、事前のコンタクトなしで町長室に押しかけるのははばかられた）。木城町との〝友情都市〟締結についていくつかの質問をぶつけたが、型通りの回答と関連の文書を郵送してもらう約束を取りつけて短時間の取材に終わった。その後にロビーで井上健次毛呂山町長の出演する広報番組を視聴したが、大柄で精悍な面構えの若手政治家の印象を持った。

帰宅して日ならずして毛呂山町役場からの「新しき村」関連のコピー数通と、二十四ページ建ての町の広報誌「もろやま」が届けられた。現今の行政サービスのスピーディーさを実感するとともに、「毛呂山町」への親近感が出てきた。「もろやま」は地元宮崎市の広報よりもはるかに読みやすく編集されており、役場用の公用封筒に刷り込まれている「毛呂山町民憲章」の一章は「教養を深め文化の香りを高めます」となっている。〈新しき村〉はこの町の教養と文化度を示すバロメーター的存在でもあった。

三、「仙川の家」と武者小路実篤記念館

実篤公園と実篤邸

武者小路実篤が「仙川の家」と呼び、その晩年を過ごした家は、東京郊外の調布市入間町（現若葉町）萩野四六八番地にある。実篤は妻安子と共に亡くなるまでの二十年間をこの場所で過ごしている。70歳を前にして実篤は親友の志賀直哉に「年をとったら、水のあるところに住みたい……」と話す。志賀に「君はもう老人ではないか」と言われ、その言葉ひとつで土地探しをはじめたのだという。それまで実篤は、ほぼ二十回の転居を繰り返している。

自伝小説『一人の男』にも描かれているが、実篤夫妻は、〝終の栖《すみか》〟としての希望の土地を求めて、多摩川や野川周辺を探し歩いた。「水」の所在が絶対条件であったが、ようやく大小の池があり、泉の湧く仙川の地と巡りあう。実篤はほとんど即決で池のほとりの土地を購入したが、敷地が十分でなく後に安子夫人が交渉役となり、現在の武蔵野の自然が残る起伏のある土地を取得している。この地は国分寺崖線上の傾斜地にあり、竹林や雑木林が広がる約千五百坪の広大さ

である。

実篤が住み始めた昭和三十年代のはじめは、京王線仙川駅周辺はまだ田畑が多く、調布市の中央を流れる野川の岸辺には、武蔵野の原風景が残っていた(この時代の深大寺あたりの風景は私の記憶にも残っている)。実篤は「ここを仕事場兼自分の仕事の完成の地として選んだわけで、未来のことはわかりませんが、今の処ここで死ぬつもりです」(「調布市制施行10周年によせて」)と、その心境を綴っているが、この「仙川の家」が気に入っており、また、地域社会とも馴染んでいたようである。地元の神代書店のため書かれた色紙が遺されている。

記念館の前で

雨が降った／それもいいだろう／本がよめる／実篤

埼玉〈東の村〉取材の前夜の〝予備調査〟として、6月10日私は仙川の地へ足を向けた。横浜に住む二男達也がこの日のナビゲーターであった。「仙川の家」を含むこの仙川の土地一帯は現在「実篤公園」と呼ばれており、国分寺崖線の自然景観をそのまま生かした竹林や池や湧水などが見学の対象となっている。また、このあたりからは縄文時代の家の跡や土偶、土器、石器のかけらが出土しており、「実篤公園遺跡」とも呼ばれている。

もともと武蔵野・立川ローム層から成るこの国分寺崖線は、武蔵野段丘面に縄文時代中期中葉～後期前半の土器の出土で有名な場所となっており、その周辺には先土器時代の「仙川遺跡」「入間町遺跡」がある。しかし「実篤公園」をとりまく周辺はすっかり宅地化しており、仙川駅の北側には甲州街道が走り、入間川沿いの田や畑は住宅密集地に様変わりして、「水」を求めてこの地を選んだ実篤の夢は時代の波に消し去られようとしている。

実篤邸

『或る男』から『一人の男』へ

親切な管理人の説明付きで「実篤公園」をひと巡り。生憎この日実篤邸は見学禁止となっており、その外観を見ただけだが、傾斜地に南面して建てられた木造平屋建て・延床面積一一〇・三九平方メートル（約三三・四五坪）の規模ながら、山口芳春設計によるモダーンな民家である。平面図で見ると南面して応接室と仕事場（書斎）が隣接し、その東の角にはサンルームが張り出しており、玄関ロビーには展示スペースがある間取りで、来客もひっきりなしだったという。家の周辺にはうっそうとした木立ちと〝武者好み〟の池の静寂がある。

この仙川時代の執筆活動で生み出された作品が『真理先生』『馬鹿一』に代表される実篤の〈山谷ものシリーズ〉である。また、『或る男』につづく後半生の自伝小説『一人の男』もこの時代に書かれている。実篤の三十代に書かれた『或る男』は、〈新しき村〉を始めたところで終わっている（実篤38歳）。その後、四十数年を経て執筆されている『一人の男』では前作の房子から安子へと〝妻の座〟が入れ替わっているが、実篤は〈新しき村〉の草創期を回想しながら、改めて〈日向の村〉での日々と人間模様を克明に書き綴ってゆくのである。『一人の男』は昭和46年（一九七一）夏に上下巻完結、新潮社から出版されているが、その巻末に実篤は後記らしくない後記「人間を愛す」の一章を書き加えている。

仙川時代の実篤の仕事として特筆しておきたいもう一つの出来事に雑誌「心」の発行がある。昭和23年（一九四八）7月に生成会を母体として創刊されている「心」は、晩年の実篤にとっての主な発表舞台であった。百人を超える「心同人」（生成会会員）のその顔ぶれは、日本の学術・芸術・文化界にまたがる〝巨匠〟たちであり、武者小路実篤の人脈を示している。アトランダムに挙げてゆくと次の面々である。
会田雄次　麻生磯次　天野貞祐　池田潔　井伏鱒二　井上靖　梅原龍三郎　大内兵衛　奥村土牛　尾崎一雄　阿北倫明　茅誠司　串田孫一　小林秀雄　杉山寧　高橋誠一郎　武見太郎　竹山道雄　谷川徹三　東畑精一　中川一政　中山伊知郎　中村元　東山魁夷　福田恒存　福原麟太郎　前田青邨　真船豊　山本健吉　湯川秀樹　横田喜三郎　吉川幸次郎　吉田健一　バーナード・リーチ

記念館内部の展示品

この機会に「実篤公園」内にある武者小路実篤記念館にも訪れた。この記念館は実篤の人生の主題とも言える〈心〉〈道〉〈愛〉〈美〉〈真〉〈和〉の六つのキーワードで構成されている文字どおり〈武者小路ワールド〉と呼んでいいユニークな個人美術館（一部は図書館）となっている。その収蔵物も「文学の世界」「美の世界」「白樺時代」「新しき村の活動」のそれぞれのジャンルに沿っての多様な展示となっている。

美術ジャンルに関する実篤の作品については、これまで実物・レプリカを含め多くの作品に接してきているが、ホームグラウンドである仙川のこの地で観賞する実篤作品にはまた格別の味わいが感じられる。私が特に関心を寄せたのは、「白樺」の活動期における文学・美術・舞台にまたがる実篤の軌跡であった。その中心となる「白樺」の復刻版を手にして、恍惚のひとときを過ごすことができたのは大きな収穫であった。

また、実篤の肉筆による書簡（じつに筆マメなご仁である）や生原稿（特に戯曲など）にも興味をひかれた。その中に大正8年（一九一九）芝公園内の〈三緑亭〉で撮られた集合写真がある。いかにも時代色をおびた古典的な記念写真だが、その中にありし日の若手文学者たちの風貌が写しとられている。志賀直哉、岸田劉生、長與善郎、木下利玄、犬養健、尾崎喜八、高村光太郎、柳宗悦、バーナード・リーチらの面々であるが、〈新しき村〉に着手した時代の和服姿の実篤はまだ十分に若い。

四、〈新しき村〉と宮崎——〝出窓〟の役割

ここで、〈新しき村〉と宮崎について、〈新しき村〉百年が遺したものをその活動に沿って検証してゆきたい。三章および四章での〈大正年代から昭和前期の宮崎〉でも触れているが、「日向」と呼ばれるこの地方は、久しく「文化果つるところ」の自嘲的な接頭語で語られてきている。その中でも、〈新しき村〉に選ばれた木城町石河内は僻地の中の僻地と言ってもいい「辺境」であった。県内には「河内」の地名が多く散在しているが、川の上流にある山の中の集落を意味している。

『木城町史』(平成3年版)の「新しき村」の一章を借りると、

武者小路実篤が理想の天地を求めて来県した大正七年は、まだ日豊本線も全通しておらず、県自体が日本の辺地であった。

さらに木城町の石河内といえば、人家もまばらで、山の生活しかなかった。

こうした時代に東京から文化的な青年男女の一団が来村し、山奥で自活を始めようというの

だから、人々がびっくりし目を見張ったのも無理はない。

（『木城町史』より。宮崎日日新聞に掲載された「新しき村五十年」からの引用とある）

その〈新しき村〉で実践されていた文化活動の主なものを書き出しておきたい。

■出版活動

村で印刷所をつくる動きが出てきたのは、大正14年（一九二五）の春先あたりからであった。4月には建物が出来、5月に入って印刷機が高鍋に着いた。その金策をしたのは倉田百三であったという。6月には印刷が始められ、まず最初に刷られたのは「新しき村通信」一三号。そして9月には「村の本」第一編として実篤自選の「詩百篇」が陽の目を見ている。菊半截型百二十余ページ、定価二十銭（送料二銭）。これが日本最初の文庫本である（「岩波文庫」よりも二年早い）。

この文庫本のモデルは実篤が20歳頃に愛読していたドイツ語の〈レクラム文庫〉であった。実篤は中学一年からドイツ語を始め、学習院高等科、東京帝国大学文科大学哲学科を通してドイツ語を学んでいる。トルストイの『ルチェルン』を辞書を首っぴきで一カ月で読破、その後ゲーテ、ツルゲーネフ、イプセン……と独訳のあるものはほとんど読破したと言われている。〝失恋〟の苦しみを救ってくれた〈レクラム文庫〉でもあった。

「村の本」のラインナップは次のとおり、

第一篇　武者小路実篤自撰「詩百篇」
第二篇　武者小路実篤撰「千家元麿詩集」
第三篇　志賀直哉「網走まで　他七篇」
第四篇　外山楢夫訳「ベートホーヴェンの手紙」
第五篇　倉田百三「桜児　他一篇」
第六篇　長與善郎「緑と雨」
第七篇　外村完二訳「トルストイの手紙」
第八篇　武者小路実篤「わしも知らない　他四篇」
第九篇　長與善郎「生活と芸術」
第十篇　ボードレール　小林秀雄訳「エドガー・ポー」
第十一篇　アナトール・フランシス　八木さわ子訳「襯衣」
第十二篇　石山徹郎訳「陶淵明詩集」
第十三篇　武者小路実篤「一日《あるひ》の素戔嗚尊　他三篇」
第十四篇　林久男訳「ゲーテの詩」
第十五篇　バイロン　古川芳三訳「フォスカーリ父子」

いかにも、格調高く〝武者好み〟の出版路線であるが、日本の出版文化にとっても画期的な出版事業であると同時に、この出版が「日向」のこの地でなされたことにも大きな意義と深い感慨を覚えざるを得ない。昭和四十年代、私自身〈南方手帳シリーズ〉（全二十四巻）の〝文庫本〟の出版を手がけている（その多くは宮崎刑務所作業課での出版・製本であった）。その時点で知ることのなかった「村の本」の存在を掘り起こすことができたことに、個人的な喜びを感じている。

村の印刷所は各種印刷などで活用されるが、その後主力部隊の〈東の村〉への移動で十数年にわたる出版活動を終えることになる。東京では〈日向の村〉より早く、大正9年（一九二〇）に東京支部の長崎豊太郎を中心に新しき村印刷所「曠野社」が創設され、〈新しき村叢書〉第一号として武者小路実篤『自分の人生観』が刊行されている。その後種々の経過を経て「曠野社」は実質解散、実篤に理解を寄せる春秋社（神田豊穂社長）によって「大調和」が発行されてゆく。昭和に入って実篤は東京神田に美術の店「日向堂」を開設するが、この店から私信代わりの「日向堂通信」が発行されている。

■展覧会

武者小路実篤を筆頭に〈新しき村〉の内外の会員たちには美術関係者が多く、また〈村〉の中での芸術活動の中でも絵画が奨励されていた。開村二年目の大正8年（一九一九）春、早くも〈村〉での「デッサン展」が開催され、川島伝吉十点、今田謹吾八点、松本長十郎六点、後藤真太郎・

伊藤栄四点、小島繁男・辻克己二点、西島九州男・横井国三郎・萩原中それぞれ一点に加えて、岸田劉生が七点を〝特別出品〟している。総点数五十点を超えるかなりの規模である。

その後も〈村〉では、〈釈迦降誕第一回洋画展〉などの企画展が開かれているが、この時代の宮崎県内でのこのような規模での展覧会の催しは、あまり例がなかったのかもしれない。時代的には〝孤児の父〟石井十次の岡山孤児院の活動につながる洋画家児島虎次郎や都城出身の洋画家で佐伯祐三と交遊のあった山田新一、日本画の山内多門、益田玉城、大野重幸らと活動期を同じくしているが、〈新しき村〉との接点については知るところがない。

■演劇活動

大正9年11月、村では「創造二周年記念祭」が催されているが、この時、展覧会や角力大会、テニス大会、模擬店などプログラムの中に、演劇「ヂォゲネスの誘惑」が上演されている。舞台の出来映え（恐らく野外劇に近いものだったに違いないが……）や、演出・キャストの詳細は不明であるが、宮崎県内における〈新劇〉の嚆矢《こうし》と言えるかもしれない。宮崎市に県公会堂（鉄筋二階建て、総面積一五〇〇平方メートル）が出現するのは大正12年（一九二三）のことである。それまで演劇の上演可能なコヤ（小屋）はなかったことになる。

その後、年を経て村内有志による劇団〈ゲーテ座〉が旗上げしているが、その〝旗上げ公演〟

は鹿児島の南座であった。大正14年2月、ストリンドベルヒの「復活祭」の舞台について、実篤の意を受けて、応援を兼ねて鹿児島まで検分（?）に行った川島伝吉は、「私の感ずる所ではその舞台も美しくできました。時刻によって、その舞台は青く照らされたり、赤く照らされたりしました。そしてエレオノーレになった房子様が、杉山のベミヤミン少年へ身体をなげかけて行くのでした」と書きとめている（阪田寛夫著『武者小路房子の場合』から）。

ベニャミン少年を演じたのは〝美少年〟杉山正雄である。一座の〝花形〟が房子なら、杉山も劇団を代表する〝二枚目〟の俳優であった。その杉山が役者としての本領を発揮してゆくのは、昭和4年（一九二九）の〝離村〟から同10年の〝帰村〟までの、つまり〝鎌倉時代〟である。同時代の僚友であった江馬嵩は俳優杉山正雄について次のように書いている。

昭和2—10年の帰村までの彼の三十才台の村外会員の時期、この間東京支部の僕たちは彼と直接交わる機会を得た。彼は、支部の集会にもよく出たし、よく話し合ったり、一緒に芝居などもした。「ダマスクスへ」「運命と碁をする男」「だるま」「四人」「オルフエ」など、村の演劇部では彼は主要な役をした。僕は彼の芝居を未だよく覚えている。その以前、彼は日向時代に既に「復活祭」を九州の各地で巡回上演した記録がある。その方でも最も勉強した一人だったと言えよう。文学や美術と同じ位に演劇も好きだった。「ダマスクスへ」をやった時なんか、彼は当時鎌倉にいたが、東京へ稽古に来たときはあの主役の沢山の科白を殆ど覚えてきたのには感心した記憶が残っている。ストリンドベルクや実篤先生のものには、彼は直ぐ入っていけたのだ。実に作に忠実な芝居で、作のよさは出ていたと思う。

（「新しき村　杉山正雄追悼号」）

■講演会などの活動

このほか、文化活動一般としては度々催されていたレコードコンサートなどがあるが、特筆したいのは演説会の回数の多さである。もともと実篤自身、ハイティーンの時代から演説好きの学生であった。学習院中等科時代は親友志賀直哉と邦語部（現代の弁論部にあたる）に属し、輔仁《ほにん》会の演説会では乃木希典院長を目の前にして「最も人間の価値を知らぬ者は□□です……」（伏字には「軍人」の二文字が入る）と言い切ったという〝武勇伝〟が残されている。「小さき世界」事件では、粗暴な下級生に殴られるのを覚悟で「粗暴と活発」という題での演説をしている。

実篤の演説は、ほとんど「失敗であった」という自己評価につながっているが、〈新しき村〉設立を目指しての全国行脚をはじめ、「白樺」同人会での演説、〈新しき村〉催事での演説、寄付金集めの演説……と度々演壇に立っている。宮崎県下でも宮崎、高鍋、妻などで有料演説会を開いているが、その度に数百人の聴衆を集めている。大正9年（一九二〇）高鍋〈大福座〉での演説には三百人集まったという。高鍋規模の田舎町で、これほどの人を集める実篤の磁力は驚嘆に価する。

日向の人々が、実篤の演説を聴き、時代の趨勢に触れ、その時代の最も前衛的な東京の文化状況や生身のアーチストの言動に刺激されたのは事実であろう。時あたかも「大正デモクラシー」と呼ばれる世相ともあいまって国内外に〝乱気流〟ともいうべき大きな時代のうねりが実感される状況でもあった。すなわち、国際的にはロシア革命によるロマノフ朝の終焉（一九一七）、ドイツ帝国の崩壊（一九一八）、国内的には急進化するデモクラシー運動の中での社会主義への気運の高まりである。日向の知識人たちにとって〈新しき村〉の存在は、まさに時代の〝出窓〟として差し込む光として受け止められ、ファッションやライフスタイルでも注目されたに違いない。

五、百年目の〈村〉からの伝言

埼玉〈新しき村〉の中央広場には、武者小路実篤が全人類同胞の思想を「海」と「空」の青でデザインした〝村の旗〟が掲げられている。大正13年（一九二四）39歳の実篤は、雑誌「不二」に「瞑想」（のちに「人生雑感」と改題）という一文を寄せている。その中で〈同胞会〉の結成を呼びかけ、次のように書いている。

「新しき村」がせめて一万人位で暮らせるようになり、千人や二千人の人を一時的にかくまっても平気な社会をつくりたい。そして、正義がこの世を支配することの手つだいがしたい。〈中略〉資本家にも反対。しかし、社会主義にも反対。人間の生命を何より尊敬する仲間が集まって、いざという時の力になれる会をつくりたい。同感の方は自分のところに連絡して来てほしい。（「瞑想」）

実篤亡きあと（実篤は昭和51年〈一九七六〉4月9日、九十一歳で逝去）の〈新しき村〉のその後の盛衰と、百年目を迎えている〃現在地〃を見ていると、実篤の描いた「人類平和共生」の理想からは遠い現実が横たわっていることを素直に認めざるを得ない。私はこれまで、武者小路実篤の生涯を追いかけながら、彼が求め続けて来たユートピアとしての〈新しき村〉の百年を、ルポルタージュの形で探ってきたが、〈新しき村〉の未来、その〃行く手〃に筆を進めることにいささかの躊躇《ためら》いがある。

それは〈新しき村〉の実態を知り過ぎてしまった悩みであり、武者小路実篤というこの〃稀有の人〃の人間性とその思想、行動にすっかり魅入られてしまった自分自身に気付かされると同時に、埼玉、宮崎の二つの〈村〉で、いまなお孤塁を守り続けている人々へのシンパシー故の躊躇からでもある。特に〈日向の村〉代表松田省吾への個人的な友愛の思いは深く〈新しき村〉の今後の展望にあたって、彼の「獅子奮迅」ぶりについては激励以外の言葉は見当たらない。

その上で〈新しき村〉の現状についての杞憂を述べると、それはやはり〃後継者〃の一点に尽きよう。今年6月に訪れた毛呂山の〈新しき村〉の現在員は八人、五代目理事長の寺島洋（椎茸栽培の専門家）をはじめ、本間健史・容子夫妻ら、いずれも高齢者であり、また〈日向の村〉は松田省吾、坂下文一・みどり夫妻の三人。この厳しい現実を見ていると、九十五年前に語られている実篤の「一万人構想」との落差に目眩《めくるめ》く思いに捉われざるを得ないのである。これは単に、時代の違いや日本人の暮らしぶりや〃国民性〃の変質ぶりでは説明のつかない問題である。

昨年（二〇一七）秋、〝村外会員〟でジャーナリスト（元文芸誌「新潮」編集長）の前田速夫著『「新しき村」の百年――〈愚者の園〉の真実』（新潮新書）という本が刊行されている。コンパクトな新書版ながら「日向のむらへ」の〈新しき村〉への成り立ちから、「知識人の冷笑／実篤離村／ダム湖に沈む」「東の村へ移住／東京支部の活動」と〈村〉の経過を辿り、「自活達成と実篤没後の村」から今日の「液状化する世界」の中での〈新しき村〉の未来予測にまで踏み込んでいるが、著者自身、東京支部の活動家として部内事情を熟知しているだけに〝ユートピア共同体〟としての〈村〉の現状を指摘する筆鋒は冴えている。

この中で著者は、「押し寄せる超高齢化の波」と深刻な後継者不足に直面している〈村〉の現実に眼を向け「ユートピアは賞味期限切れ」と問いかけ、現状を直視するなら「新しき村が遠からず存亡の危機に直面するであろうことは、疑いがない」と断言し、さらに「同情のない言い方をすれば、もはや絶滅危惧種、ガラパゴスですらあるのだ」と言い切っている。そして、この〈村〉の現状を「今後の日本、世界がたどる先行モデル」としてとらえている。

さらに、具体的な分析として一九七九年（昭和54）以降の「新しき村の村内会員数と総収入額の推移」がグラフで示されているが、超高齢化と極端な収入減による〈村〉の現実は悲劇的とも言える急降下ぶりである。少々長くなるが前田著を引用することにする。

営農収入のピークは、一九八一年。以後は低落する一方、前年と比べてその度合いが激しいのが、一九八二〜八三年（卵価安）、八七年（養鶏の構造不況）、九〇〜九二年（人員不足による生産縮小）、九五年（一部休耕）、九七年（天候不順、酪農廃止）、二〇〇二年（猛暑）、一〇年（椎茸の榾《ほた》化不良）、一三年（放射能被害）、一五年（養鶏終了）だ。

一九九七年、泰山窯の渡辺兼次郎さんが笠間に移住した結果、年間一千万円近い売り上げのあった焼き物がなくなったのも響いている。結果的に、太陽光発電の売り上げが、それを補い、ほかに鶏糞や竹製品も貢献している。

繰越金（黒字額）について述べると、自活以後一九五八年千円、六八年九十三万円余、七八年六百四十四万円余、八八年五千九十八万円余と急増、九一年には九千五百万円余だったものが、翌九二年からは赤字に転落、同年は七千九百万円余、九三年五千万円余、九四年二千九百万円余、九五年二千七百万円余、九六年千六百万円余と五年連続で繰越金を平均千五百万円余支出超過している。

これで明らかなのは、収入の極端な減少と、村内会員の極端な減少である。ピーク時にくらべ、収入はなんと三億八千九百万円から、その一割にも満たない三千十八万円にまで減り、人口は六十五人から十人にまで減った。

総収入の減少は、村内会員の減少による労働力不足とも連動しているが、その直接の理由は農業の不振、とりわけ一時は躍進の原動力だった養鶏事業の衰微、廃止が響いている。

（前田速夫著『「新しき村」の百年』）

ここで私見を述べさせてもらうと、平成23年（二〇一一）の〈東日本大震災〉以後、日本の人口動態にも異常事態が起きつつある。この宮崎県内にも東北・関東から〝避難民〟のかたちでかなりの人々が移住してきている現実がある。Uターンならぬ I ターンの現象である。恐らく九州各県、あるいは全国的にこの移動の状況は見られるに違いない。これらの人々は県庁所在地の都市部よりか、田園風景を求めて郡部や山間部へ定住の地を求める傾向が見うけられる。

そこであくまで個人的な発想を出ないが、〈新しき村〉に見る農業共同体の中から再生の道を目指す、それぞれの地方での生き方を提案してみたい（勿論、農業への適性や肉体条件が第一の条件になるのだが……）。そこでは〈新しき村〉が実践してきた個々の希望や条件に叶ったそれぞれの役割をつくり出すことも可能なのではないか。〈東の村〉や〈日向の村〉での村人の高齢化やその切迫した〝行く末〟を思うと、すでに農業基盤としての歴史と実績を持つ〈新しき村〉に、〝後継者〟としての若いエネルギーを注入するチャンスが、いま到来していると私は考えるのである。

以前、どこかで目に触れた文章の中に、この〈新しき村〉をスペイン・バルセロナの〈サグラダ・ファミリア聖堂〉に譬えた表現に出会ったことがある。二十世紀初頭にスペインの建築家アントニオ・ガウディ・イ・コルネト（一八六二〜一九二六）が手がけて〝百年後〟のいまなお建築途上にあって日々その高さを伸ばしている尖塔群とその細部への執着を、〈新しき村〉に重ねてゆくと、「百年」というタイムスパンはまだ〝途上〟と考えることもできる。

武者小路実篤という偉大な〝魂の設計者〟の究極の目標を達成するには、まだ数世紀の試練の時間が必要なのかもしれない。前田速夫は機関誌「新しき村」（二〇一八年一月号）に次のように書いている。

折しも、日本は、世界は、民族や国家、地域や家族といった、人と人を結ぶ中間項が機能不全に陥って、格差は広がるばかり、国益が衝突して戦争の脅威が増す一方で、社会全体が液状化している。

すなわち、武者小路実篤が唱えた理想と、その実践であるコミュニテイのありかたが、いまほど切実に求められるときはなく、百年たって、ようやくその真価が認められるようになったこのときに、村が消えていくことは、なんと皮肉なことだろう。

けれども、これは一新しき村の問題だけではない。村が直面している困難は、今日の日本が、世界が直面している困難に等しく、村が百年を超えて生き延びられるかどうかを問うことは、今日の日本が、世界が生き延びられるかどうかを問うに等しいと言ったらおおげさだろうか。

武者小路実篤の〝実篤らしい〟詩一編を掲げて終わることにしたい。

皆と生きる

あゝい、人は多い。
僕は彼等と一緒に天命を完うしたい。
それは人間は出来ると思う。
皆、喜んで一緒に生きてゆきたい。天命をよく生かしたい。
僕は愛する人が実に多い、ありがたき哉。

私は人間に生れた
人間として一緒に
喜んで生きる事が出来る
ありがたき哉。

（「新しき村」二〇一八年一月号）

僕は命令したり
命令されたりして
生きてゆきたくはない。
皆で喜んで力をあわせて
生きてゆきたい。

皆仲よく
自分を生かして働いてゆきたい。
いい人はこの世に多い
実に多い。
皆で仲よく
働いて生きて
ゆきたい。
ありがたい事だ。

【参考文献】

武者小路実篤著
『或る男』新潮社　大正12年（一九二三）
『初恋』北信出版社　昭和21年（一九四六）
『馬鹿一』河出書房　昭和28年（一九五三）
『一人の男』新潮社　昭和46年（一九七一）
『自分を生かす為に』新潮社　昭和15年（一九四〇）
『自画像』筑摩書房　昭和16年（一九四一）
『新しき村に就て』扶桑閣　昭和17年（一九四二）
『人生読本』学芸社　昭和17年（一九四二）
『自分の歩いた道』読売新聞社　昭和31年（一九五六）
『欧米旅行日記』河出書房　昭和16年（一九四一）
『十年』（編輯代表者佐藤春夫）改造社　昭和4年（一九二九）
武者小路実篤〈現代文学大系〉筑摩書房　昭和39年（一九六四）
武者小路実篤〈現代日本文学館〉文芸春秋社　昭和41年（一九六六）
武者小路実篤〈日本文学全集〉河出書房　昭和42年（一九六七）
武者小路実篤〈人物誌大系〉渡辺貫二編　日外アソシエーツ株式会社　昭和59年（一九八四）

武者小路実篤記念館（調布市）発行図録
「写真に見る『実篤とその時代』」Ⅰ・Ⅱ・Ⅲ
「1919年『白樺』創刊」
「自伝『ある男』の青春」
「日記に読む実篤」
「日日是好日——雑誌『心』に集う人々」
「新しき村　90年」
「仙川の家」
「美の宝庫」
「父・実篤の周辺で」
「一人の男——武者小路実篤の生涯」
「もっと知りたい」（情報紙）
武者小路実篤美術館（毛呂山町）図録
「武者小路実篤展」（木城町）図録

機関誌「新しき村」（新しき村発行）
阿万鯱人著『一人でもやっぱり村である』鉱脈社 昭和60年（一九八五）
阪田寛夫著『武者小路房子の場合』新潮社 平成3年（一九九一）
新納仁『村は終わった』近代文芸社 平成5年（一九九三）
直木孝次郎著『武者小路実篤とその世界』塙書房 平成28年（二〇一六）
関口弥重吉著『心にある村』皆美社 昭和60年（一九八五）
大津山国夫著『武者小路実篤　新しき村の生誕』武蔵野書房 平成20年（二〇〇八）
野田宇太郎著『日本耽美派の誕生』河出書房 昭和26年（一九五一）
野田宇太郎著『続・九州文学散歩』創元社 昭和29年（一九五四）
前田速夫著『「新しき村」の百年――〈愚者の園〉の真実』新潮社 平成29年（二〇一七）
ドナルド・キーン著／徳岡孝夫訳『日本文学史』中央公論社 昭和51年－平成4年（一九七六―九二）

『宮崎県政八十年史』宮崎県 昭和42年（一九六七）
『宮崎県史』（別編年表）宮崎県史刊行会 平成12年（二〇〇〇）
日高次吉著『宮崎県の歴史』山川出版社 昭和45年（一九六一）
『宮崎県の百年』（県民100年史）山川出版社 平成4年（一九九二）
『宮崎県の歴史』山川出版社 平成11年（一九九九）
『木城町史』木城町 平成3年（一九九一）
『日本の歴史』（23・大正デモクラシー）中央公論社 昭和42年（一九六七）
『日本文学の歴史』（11・人間賛歌）角川書店 昭和42年（一九六七）
『明治百年――宮崎県の歩み』毎日新聞宮崎支局 昭和43年（一九六八）
『画報近代百年史』国際文化情報社 昭和27年（一九五二）
『新聞記事に見る激動近代史』株式会社グラフ社 平成20年（二〇〇八）

あとがき――八十五歳の夏に

〝熱中症〟の連呼で明けくれた今年の夏であった。私自身、7月半ばの夕暮れ、散歩中に熱中症気味のフラツキに襲われ、歩道橋の上でしばらく丸太ん棒のように横たわり、いま地球最接近で話題の火星を仰ぎ見るというハプニングを体験した。85歳という歳相応の肉体の衰えを実感させられたひと夏でもあった。

その耐えがたい熱暑の中で、文字どおり我武者羅に書き継いできたのが本稿である。私にとってはまさに炎天下での〈長距離競走〉といった思いが強く、〝心臓破り〟の35キロ地点を通過したのは、暦の上で「立秋」を迎えた炎暑のさ中。それだけにこの「書き下ろし」への達成感は強く、単行本として陽の目を見ることに大きな喜びを感じている。

武者小路実篤に関するありったけの資料（勿論、私の力量の範囲での）に埋もれての約半年間の難行苦行であったが、たまたま手持ちの資料の中に「八十五歳の或る日」（「新しき村」二〇〇一年五月号）と題するエッセイを見付けた。私自身この9月18日の誕生日で「八十五歳」に到達したばかりである。実篤の心境はそのまま私の現在に重なっている。

八十五歳の或る日

武者小路実篤

私も八十五歳になった。長生きしたものと思うが、まだ死にたいとも思っていない。しかし長生きした事は喜んでいる。そしてもっと長生きしたい気はある。しかし若い時に死ぬ事を考えるよりは、気は楽である。一個の人間として生きて来た事は事実と思っている。他の人とちがう一個の人間として生きてこれた事は事実と思っている。僕は自分の考えで生きている事を喜んでいる。他の人とちがう考えを持っているわけではない。皆が幸福に生きられるだけ生きてくれる事を望んでいる。僕は皆が天命を完うして、悠々と生きてくれる事をのぞんでいる。他人の奴隷にはなりたくない。自分の考えを正直に持って生きて見たいと思っている。皆が正直に生きられる事を望んでいる。自分の考えは何処までも正直に持ちつづけたいと思っている。

教わる事は何処までも教わりたいと思っているが、自分が同感出来ない事は同感したくないと思っているし、他人をうそつきにしたくないと思っている。

暴力で他人を支配したいとは思わない。皆嘘をつかずに生きられる世界をつくりたいと思っている。そして皆が仲よく助けあって生きて行きたい。自分だけが正しい考えをもっているのではない。皆が正直になれる世界が本当の世界だと思っている。

現代ではこのような〝実篤流〟の考え方については、恐らく浮き世離れのした能天気な考え方だと顔をしかめる人もいるかもしれない。しかし実篤の死に際して親友里見弴が寄せた追悼文「聖人武者」に表れている武者小路実篤の生き方は、日本人のみならず全人類にとっての永遠の指標ともいうべき理想だと言うことができるだろう。

蛇足をつけ加えれば、実篤に寄せる私のシンパシーは、互いに「酉年」生まれ（四まわり違い）という干支を意識してのことかもしれない。

※　　※

本書の上梓にあたってプレイベントである情報誌「ｊｕｐ・ｉａ（ジュピア）」への連載を快諾し、さらに構成・展開についいて助言をいただいた鉱脈社社長の川口敦己氏のご好意、そして編集者として連載時から絶えず親身な助力を惜しまれなかった小崎美和さんに感謝申し上げたい。

また、長年の交流の絆から「新しき村」への取材を快く受け入れ〈村〉所蔵の貴重な歴史的書籍を惜し気もなく長期間にわたって貸与してくださり、資料・写真などを提供いただいた松田省吾代表の友情にもお礼を申し上げたい。原稿仕上げの段階で慢性的な〝書痙病〟に悩む私のために自ら進んで悪文乱筆をご判読いただき浄書作業をアシストしてくれた〈みやざきこの人〉主宰の森川紘忠氏のご協力もありがたかった。

最後に、私の終生の一書となるこの本のために、入手困難となっている〈武者小路実篤〉関連の古書の手配に協力してくれた息子たち（夏樹、達也）、そして東京・調布市や埼玉への取材旅行に同行し、常に私の健康を気遣ってくれた妻久子にも、心からの感謝を伝えたい。こうした周囲のサポーターの助勢なくしては成し得なかった一冊として、本書は私にとっての記念すべきオベリスクである。

二〇一八・仲秋の佳き日に　　南　邦和

著者略歴

南　邦和（みなみ　くにかず）

1933年（昭和8）朝鮮半島で生まれる。日本敗戦後、日南市に引き揚げる。その後、国家公務員（裁判所職員）として、東京・大阪・横浜・鹿児島・宮崎で勤務。現在は宮崎市在住。

『円陣パス』『都市の記憶』『原郷』『メニエール氏』『ゲルニカ』『神話』などの詩集の他、自伝的評論集『故郷と原郷』、エッセイ集『南国のパンセ』『宮崎ふるさと紀行』『百済王はどこからきたか』、放送対話集『宮崎1968～1972』、学習マンガ『宮崎平野の歴史』、戯曲『キキのゆくえ』など著書多数。

〈受賞〉宮日出版文化賞、日本国際詩人協会賞、宮崎県文化賞

現在、日本ペンクラブ名誉会員、日本現代詩人会会員、日本国際詩人協会会員

みやざき文庫 132

《新しき村》100年
実篤の見果てぬ夢 ── その軌跡と行方

2018年11月10日 初版印刷
2018年11月14日 初版発行

著 者 南 邦和

発行者 川口 敦己

発行所 鉱脈社
宮崎市田代町263番地 郵便番号880-8551
電話0985-25-1758

印 刷
製 本 有限会社 鉱脈社

みやざき文庫

南 邦和関連本

百済王はどこから来たか

宮崎県南郷村の百済伝承を追う

宮崎県の南郷と木城から海峡の島・加唐島、そして韓国古代史の舞台へと、日本列島と朝鮮半島の現代から近代、さらに古代へと遡行しつつ、百済王族亡命の謎に迫る。詩心あふれる古代ロマンの旅。

１４００円

みやざき文庫

既刊から

祈りと結いの民俗
故郷の記憶　上巻

那須　教史　著

民俗行事や民俗文化をとりあげ、日々のたくましさと柔らかさ、そして大切にしてきたものを浮かび上がらせる。民俗学における「知と情」の世界を調査研究した、人間の生活の面白さを知る上でも本県の貴重な民俗資料。

２０００円

生業と交流の民俗
故郷の記憶　下巻

那須　教史　著

山で、野で、川での暮らしの知恵と往来と交易による変貌を描き、力強くたくましく生きぬいた人々の記録を紡ぐ。労をいとわず丹念な聞きとりを行うなど、長年にわたって県内を幅広く調査研究してきた集大成。

２０００円

大淀川下流域史を視野に
郷土・大塚の歴史を楽しむ

多田　武利　著

遺跡や史跡、出土品等をもとにこの地に生まれ育った著者が、この地に人が住み始めたのはいつごろ？　どんな人？　なぜ「大塚」なの？——など、古代から近世までの大塚の人と大地のものがたりを考察。「地名」解説つき。

１６００円

（定価はいずれも税抜）